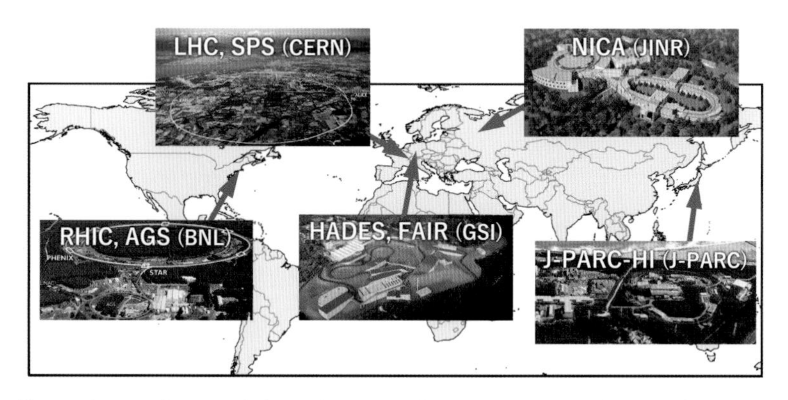

口絵 1　ビームエネルギー走査に関与する世界各地の重イオン衝突実験施設（図 2.7, p.22 参照）.

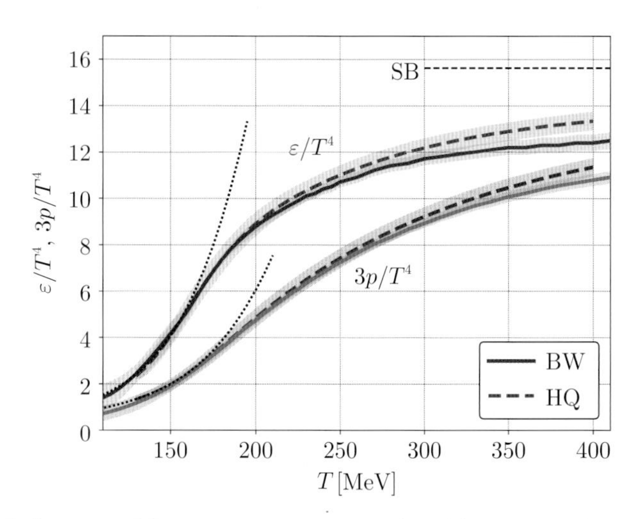

口絵 2　格子 QCD で計算された $\mu_{\mathrm{B}} = 0$ における有限温度 QCD のエネルギー密度 ε と圧力の 3 倍 $3p$ の温度依存性. ただし, いずれも T^4 で割って無次元化している. BW (Budapest-Wuppertal) [33] および HQ (Hot-QCD) [34] 共同研究で得られた結果. HRG 模型の結果（点線）および Stefan-Boltzmann (SB) 極限の結果（破線）も示した. 図の作成は筆者による（図 3.2, p.32 参照）.

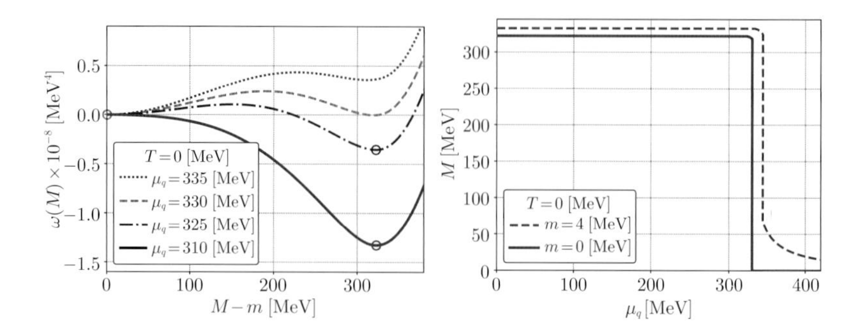

口絵 3　左：いくつかのクォーク化学ポテンシャル μ_q での熱力学ポテンシャル密度 $\omega(M)$. 右：構成子クォーク質量 M の μ_q 依存性．いずれも $T=0$ の結果（図 5.5，p.86 参照）.

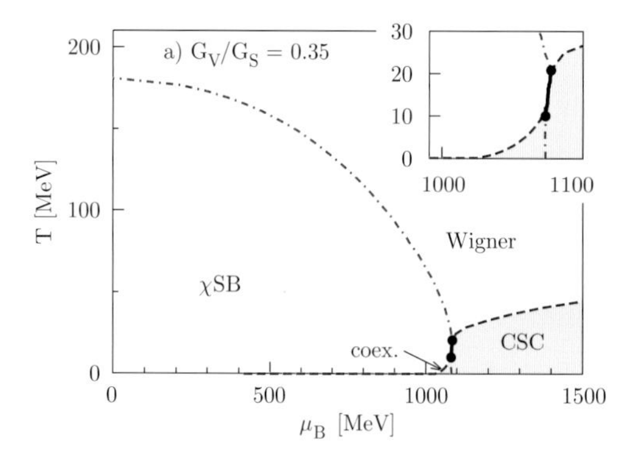

口絵 4　ベクトル型相互作用 $\mathcal{L}_V$ を取り入れた NJL 模型による T-μ_B 平面上での相図の例 [15]．実線は一次相転移．一次相転移が高温側と低温側の双方に臨界点をもつ（図 5.7，p.88 参照）.

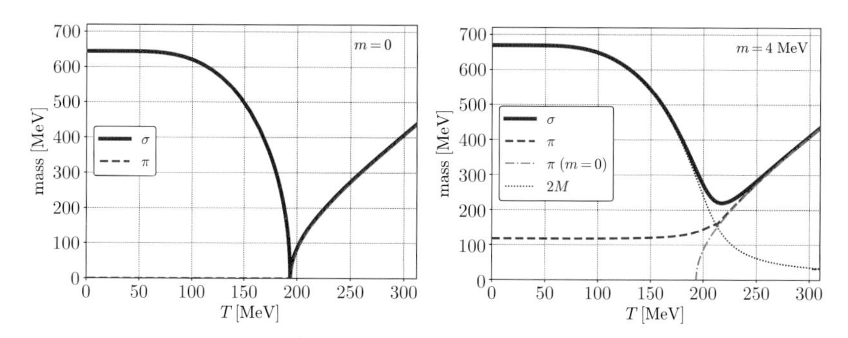

口絵 5　NJL 模型で計算された σ および π 中間子質量の温度依存性．左図はカイラル極限 $m = 0$，右図は $m = 4$ MeV の結果（図 7.2，p.121 参照）．

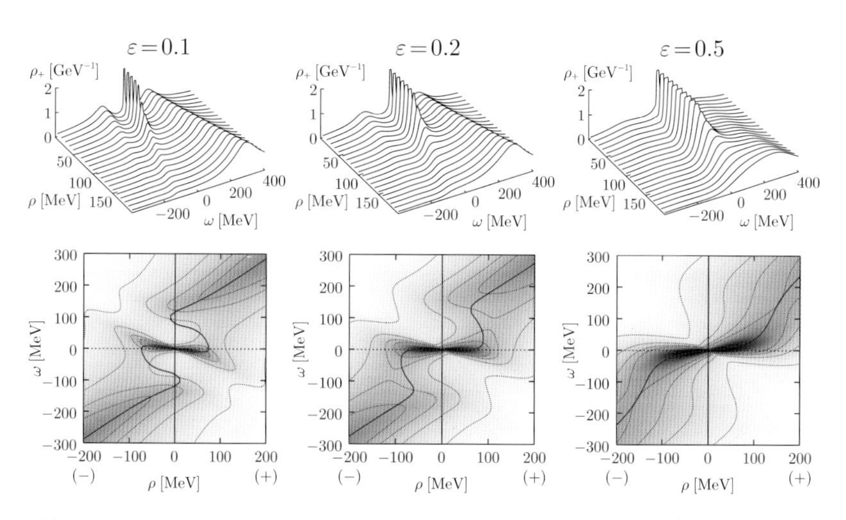

口絵 6　上段は $\varepsilon = (T - T_c)/T_c = 0.1, 0.2$ および 0.5 でのクォークのスペクトル関数 [127]．下段の図は分散関係 $\omega = \omega_{\pm}(p)$ を $\rho_{\pm}(p, \omega)$ の等高線とともに示している．各パネルの右側と左側が正および負のクォーク数の状態を示している（図 8.6，p.134 参照）．

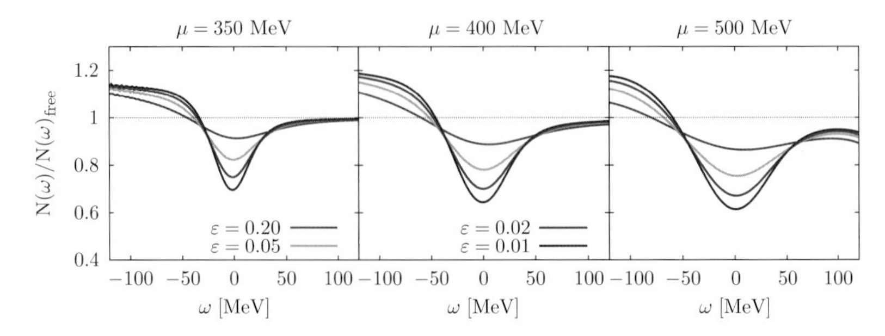

口絵 7　クォーク状態密度 $N(\omega)$ の μ_q 依存性 [129]．ただし自由クォーク状態密度 $N_{\mathrm{free}}(\omega)$ との比を示してある（図 9.6，p.146 参照）．

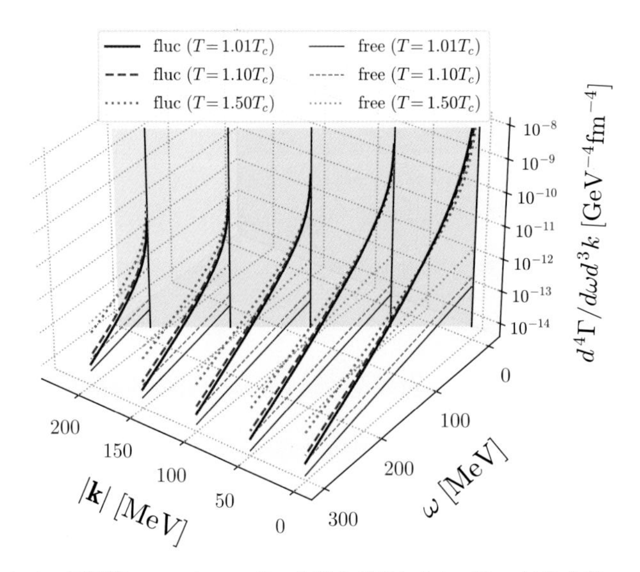

口絵 8　カラー超伝導のソフトモードの効果を考慮したレプトン対生成率のエネルギー ω と運動量 $|\boldsymbol{k}|$ に対する依存性．太い線がソフトモードの散乱に由来する生成率で，細い線が自由クォーク気体からの生成率 [146]（図 9.8，p.149 参照）．

Frontiers in Physics 29

超高温・高密度のクォーク物質

素粒子の世界の相転移現象

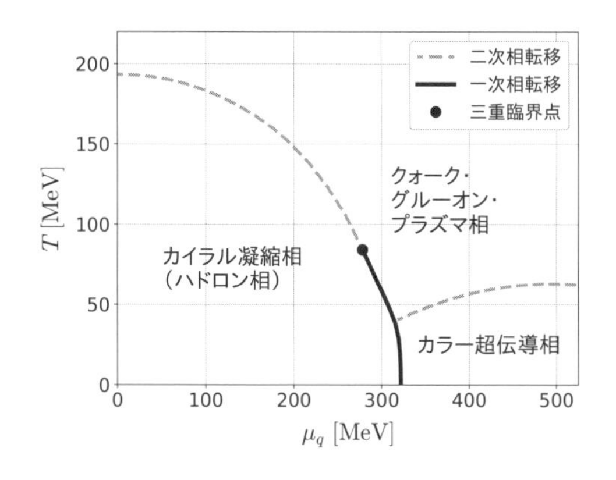

北沢正清
国広悌二 [著]

基本法則から読み解く **物理学最前線**

須藤彰三
岡　　真 [監修]

29

共立出版

刊行の言葉

近年の物理学は著しく発展しています．私たちの住む宇宙の歴史と構造の解明も進んできました．また，私たちの身近にある最先端の科学技術の多くは物理学によって基礎づけられています．このように，人類に夢を与え，社会の基盤を支えている最先端の物理学の研究内容は，高校・大学で学んだ物理の知識だけではすぐには理解できないのではないでしょうか．

そこで本シリーズでは，大学初年度で学ぶ程度の物理の知識をもとに，基本法則から始めて，物理概念の発展を追いながら最新の研究成果を読み解きます．それぞれのテーマは研究成果が生まれる現場に立ち会って，新しい概念を創りだした最前線の研究者が丁寧に解説しています．日本語で書かれているので，初学者にも読みやすくなっています．

はじめに，この研究で何を知りたいのかを明確に示してあります．つまり，執筆した研究者の興味，研究を行った動機，そして目的が書いてあります．そこには，発展の鍵となる新しい概念や実験技術があります．次に，基本法則から最前線の研究に至るまでの考え方の発展過程を“飛び石”のように各ステップを提示して，研究の流れがわかるようにしました．読者は，自分の学んだ基礎知識と結び付けながら研究の発展過程を追うことができます．それを基に，テーマとなっている研究内容を紹介しています．最後に，この研究がどのような人類の夢につながっていく可能性があるかをまとめています．

私たちは，一歩一歩丁寧に概念を理解していけば，誰でも最前線の研究を理解することができると考えています．このシリーズは，大学入学から間もない学生には，「いま学んでいることがどのように発展していくのか？」という問いへの答えを示します．さらに，大学で基礎を学んだ大学院生・社会人には，「自分の興味や知識を発展して，最前線の研究テーマにおける“自然のしくみ”を理解するにはどのようにしたらよいのか？」という問いにも答えると考えます．

物理の世界は奥が深く，また楽しいものです。読者の皆さまも本シリーズを通じてぜひ，その深遠なる世界を楽しんでください．

須藤彰三
岡　真

はじめに

物質を細かく分解していくと，原子，原子核，核子（陽子と中性子）と階層を進み，核子はさらにクォークとグルーオンと呼ばれる素粒子に分解できる．そのクォークとグルーオンの動力学は量子色力学と呼ばれる理論によって記述されることが知られている．実は近年，超高温高密度の物質中でこの量子色力学の動力学が引き起こす相転移現象，物性現象の研究が活性化し，興味深く展開している．

量子色力学の基本自由度であるクォークとグルーオンは単体では取り出せず，われわれの身近な世界では観測できない．しかし，中性子星と呼ばれる超高密度天体の内部や宇宙初期のような超高密度あるいは超高温の世界では，核子が「溶け出し」，クォークとグルーオンが基本構成要素として振る舞う全く新しい物質状態が実現すると考えられている．そのうえ，高温・高密度の世界ではこれ以外にも，量子色力学の真空状態を特徴づける「カイラル対称性の自発的破れ」と呼ばれる現象に関する相転移現象が起こる．さらに，「カラー超伝導」と呼ばれる，金属超伝導における電子をクォークで置き換えたような状態が実現するなど，多様な物性現象が発現することが予言されている．

このような「素粒子の世界の物性現象」に対する研究は，近年，理論，実験，数値シミュレーションの新たな研究成果と協調によって大きく発展している．2017 年に初めて実現した重力波による中性子星合体の観測によって中性子星構造に関する新たな情報が一挙に得られ，今後も重力波観測による情報の蓄積がさらに進むことが期待される．また，地上で行う高エネルギー重イオン衝突実験と呼ばれる実験によって高温高密度物質を網羅的に調べる研究が進行し，次世代実験計画も世界各地で進められている．さらに，量子色力学の第一原理数値シミュレーションに関しても，従来高密度の解析は困難だったが，この問題を克服するための新しいアルゴリズムが続々と提案されている．これらの発展により，高温高密度物質の研究は今後さらに加速し，進展していくことが期待される．

本書では，極限的環境で実現するこれら素粒子の世界の物性現象を，特に量子色力学の階層に着目し，最新の数値シミュレーションの結果や有効模型による解析を使いながら概説する．本書が，実験，観測，そして理論全般にわたって発展している分野へと若い読者を導く役割を果たしてくれることを願っている．

本書の執筆にあたっては，意欲的な大学学部学生や修士課程の学生諸君を想定し，前提知識を極力排して本書だけで学習事項が完結する構成にしたつもりである．相対論的場の理論の基礎を学んだ後，たとえばディラック方程式とディラック場の量子化（文献 [1] の第 3 章など）の習得後に本書を読むと，内容がしっかりと理解できるだけでなく，場の理論自体に対する理解も深まるであろう．

また，本書の挿入図は，一部の概念図や論文から引用したものを除きプログラミング言語 Python3 を使って計算・描画を行ったものであり，これらのソースコードはすべてインターネット上に公開した（第 1.2 節参照）．これにより，本書が数値計算の入門書としても活用できることを意図した．紙幅の都合で本書に載せた図は限られているが，公開されたコードを読者自身の手で自由に改変して実行することで様々な図が容易に生成でき，物理への理解も深まるであろう．学部卒業研究の副読本，あるいは修士初年次の学生の自習用に使っていただくとちょうどよいかもしれない．

謝辞

本書の執筆を勧めていただいた編集委員の岡真教授に感謝します．また，著者らの遅筆による遅延を忍耐強く待っていただいた編集委員および共立出版編集部にも感謝いたします．京都大学基礎物理学研究所研究員の松田英史さん，大阪大学原子核理論研究室の伊藤広晃さん，西村透さん，芦川涼さん，柳川耀平さんには，本書の原稿に目を通していただき有益なコメントをいただきました．ここに名前を記して感謝します．

2022 年 3 月末日　　北沢正清，国広悌二

目　次

第1章 本書のねらい：超高温・高密度物質への誘い

1.1 極限状態の物質と素粒子の世界の物性物理学

われわれの身の回りの物質は，よく知られているように原子からできており，その原子は中心部に位置する正の電荷をもった**原子核**と，原子核の周辺を運動する**電子**からできている．日常生活で目にするほとんどすべての自然現象は原子核と電子が電磁気力を介して織りなす現象として理解できる．

原子の構成要素である原子核は，陽子と中性子（総称して核子と呼ぶ）から作られた複合体である．地球上には数百種類の原子核が存在するが，これらは一部の例外を除き，崩壊したり融合したりすることはなく安定である．したがって，日常の身近な自然現象においては，電子と原子核が**基本自由度**である，と言える．

しかし，もっと高エネルギーの現象に目をやると，そこではこの「基本自由度」が変更されうる．たとえば，太陽中心部では温度が 1500 万 K（ケルビン），密度は 150 g/cm^3 に達しており，原子が原子核と電子に電離している（この電離状態を物質の**プラズマ状態**と呼ぶ）．特に陽子 1 個からなる水素原子核が主要な構成要素であり，これら陽子が核融合反応によって重陽子やヘリウム，さらにはより重い原子核へと変換され，この原子核反応で放出されるエネルギーが莫大な太陽エネルギーの源となっている．このように原子核が次々と変化する系においては，原子核はもはや基本自由度とはみなせず，原子核の構成要素である核子を基本自由度として物理現象を記述しなくてはならない．

それでは，太陽の中心部よりもさらに高温，もしくは高密度の状態では物質はどのような性質をもつのだろうか．そこでは，太陽内部の物質において原子核を構成する核子の自由度が基本自由度として現れたように，もし核子がさらに微細な「素粒子」によって構成されているのであれば，その構成要素が基本自由度として姿を現わすことが期待できる．

実は，核子は**クォーク**と**グルーオン**と呼ばれる自由度によって作られた複合体であることが現代の物理学によって明らかにされている．さらに，これらの自由度の相互作用は**量子色力学**と呼ばれる理論で記述されることも知られている．量子色力学は英語で Quantum ChromoDynamics なので，以下では頭文字をとって **QCD** と呼ぶ．核子が複合体なので，物質の温度や密度をどんどん上昇させていけばクォークとグルーオンの自由度が顕在化した物質状態が実現することが期待できる．このような物質のことを，**クォーク・グルーオン・プラズマ (QGP)**[1) とか，**クォーク物質**と呼び，温度であればおよそ 10^{12} K 以上，密度なら 10^{15} g/cm^3 付近以上でこのような物質状態が実現すると考えられている．本書の目的は，このような極限的環境下で起こる**素粒子階層の物性現象・相転移現象**を解説することにある．

ここで紹介したクォークやグルーオンの自由度が解放される相転移現象を理解するうえでは，基本自由度が変化するということに加えて，**真空の構造**が変質するという現象にも注目する必要がある．真空という言葉からは，物質が何もない「空っぽの状態」が連想される．ところが QCD によれば，われわれが真空だと思っている状態，すなわち原子が 1 個もない状態というのは空っぽではなく，クォークやグルーオンが絶えず生成や消滅を繰り返すとても奇妙な状態であることが知られている．またその帰結として，真空では**カイラル対称性**と呼ばれる QCD の近似的な対称性が失われた状態となっている．そして，この機構は一般に**自発的対称性の破れ**と呼ばれる．このため，真空状態から出発して温度や密度を上げていくと，物質の置き場所として定義されるべき真空状態が変質する．特に，高温・高密度では真空を特徴づけるカイラル対称性が回復した状態が実現する．この様相は，極低温で超伝導状態にある超伝導物質が，温度を上昇させていくと常伝導状態へと相転移するのとよく似ており，**真空の相転移現象**と見ることができる．本書では，特にカイラル対称性の自発的破れと

[1) QGP については，本物理学最前線シリーズ「クォーク・グルーオン・プラズマ」[2] でも解説されている．

その回復に注目し，このような真空の相転移現象について詳しく解説する．「真空が空っぽの状態ではない」という主張は，初めて聞く読者にとっては受け入れにくいかもしれないが，QCD が立脚する量子場の理論では基本的な事実であり，本書を読むことで理解できるであろう．

さて，ここまで概観した素粒子の世界の相転移現象が起こるような極限的環境は，一見するとわれわれの日常とはかけ離れているのだが，そこで実現する物質の性質は，実はわれわれを取り巻く様々な自然現象と深く関わっていることを指摘しておこう．

第一に，宇宙に燦めく恒星は，質量が太陽の 10 倍以上重いとき，その終焉は**超新星爆発**と呼ばれる爆発的現象を伴う [2)]．超新星爆発を起こす直前の恒星中心部は温度にして 10^{11} K，密度にして 10^{13} g/cm^3 に達する．上述の QGP の実現にはやや足りないが，このような高温高密度環境下に置かれた物質の理解は超新星爆発全体の理解に欠かせない．

第二に，このような重い恒星が超新星爆発を起こした後，残骸として**ブラックホール**や**中性子星**と呼ばれる天体が作られることがある．中性子星とは，太陽の 1 ∼ 2 倍もの質量をもちながら，半径が 15 km にも満たない超コンパクトで超高密度の天体である．1967 年に自転に伴って周期的に電磁波を発する**パルサー**として発見され，その後も連成パルサーとして数多く観測されている．中性子星の中心部の密度は少なくとも 5×10^{14} g/cm^3 を超えることが知られており，そこではクォーク物質への相転移が実現している可能性がある．さらに，クォーク物質はクォーク対による超伝導状態（**カラー超伝導**と呼ばれる）の実現といった豊富な物性を有する可能性が理論的に指摘されている．

中性子星に関する最近の画期的発展として，2017 年に**連星中性子星合体**，すなわち連星をなす 2 つの中性子星の合体から放出された**重力波**が観測されたことが挙げられる [3)] [4]．この重力波の波形からは，中性子星の構造や内部の高密度物質の状態方程式に関する様々な情報が得られ，中性子星に関する定量的な理解が一挙に進んだ．2022 年現在，連星中性子星合体を起源とする重力波の観

2) 超新星爆発現象については，本物理学最前線シリーズ「原子核から読み解く超新星爆発の世界」[3] を参照．

3) 最初の重力波観測は 2015 年 9 月のことで，これはブラックホールの合体を起源としていた．

測はまだ数例にすぎないが，今後この分野の研究は大いに発展していくものと予想される．

第三に，われわれの宇宙の歴史を遡れば約138億年前の**ビッグバン**による宇宙誕生に至り，誕生直後の宇宙は超高温状態であった．ビッグバンに向けて時間を遡るにつれて宇宙の温度は高くなるが，たとえば宇宙の温度が10^{12} Kとなるのは誕生から約$10^{-6} \sim 10^{-5}$秒後のことである．この頃の宇宙はQGPで満たされていて，その後冷却に伴う物質状態の変化を経て現在の宇宙に至った．宇宙の進化の過程で存在したこれらの状態や相転移を知るためには，高温物質の性質を理解する必要がある．

超新星爆発と中性子星合体は，重い元素の合成（**元素合成**）の舞台でもある．ビッグバン宇宙論によれば，初期の宇宙に存在した原子核は水素（陽子），ヘリウムと極少量のリチウムのみであった．リチウムより核子数の多い原子核（元素）は，その後形成された恒星内部での核融合反応で作られたとされている．しかし，恒星内部の核反応では鉄より重い原子核は生成されない．したがって，現在の地球に存在する金，鉛，ウランなどの重い原子核は恒星内部の核反応とは別の機構で作られたことになる．そのような舞台の候補と考えられているのが，中性子星合体と超新星爆発である．つまり，地球上に存在する重い原子核は，かつて中性子星合体や超新星爆発で作られ宇宙に飛散したものであり[4)]，われわれが住む地球環境の成立を知るためにも元素合成，ひいては超高温・高密度物質の理解が欠かせない．

さらに，素粒子の世界の相転移現象は地上の実験でも観測可能であることも指摘しておこう．QGPを含む超高温・高密度状態の生成とその物性の研究を目的として，現在世界各地の加速器実験施設で**高エネルギー重イオン衝突**を用いた研究が活発に行われている．また近年，超高密度領域の相転移現象の発見を目指した実験が行われ，新たな実験計画も国内外で立案実施されつつある．

本書では，超高温・高密度物質中でのクォーク自由度の解放やカイラル対称性の回復といった諸現象の物理内容とともに，その地上での検証を目的とする高エネルギー重イオン衝突実験の現状と将来計画の内容についても解説する．

[4)] たとえば，本シリーズ[3]の第8章参照．

極限環境下の物質の性質を理論的に理解するうえでは，格子 QCD 数値計算と呼ばれる QCD の第一原理シミュレーションの結果や，QCD の有効模型を使った解析が中心的な役割を果たす．特にカイラル対称性は本書の中心的なテーマであり，定義から出発して，真空での対称性の破れやそれに伴う南部ゴールドストン粒子の出現，超高温・高密度物質中における回復などについて，南部—ヨナラシニオ (NJL) 模型と呼ばれる有効模型を使って初等的な解説を行う．

カイラル対称性の自発的破れや，有限温度・密度媒質中での回復といった概念は，物性物理学における超伝導/超流動の微視的理論である BCS 理論との類推を行うことで理解しやすくなる．そのため，本書では NJL 模型での解析に先立って BCS 理論の簡単な説明を行い（第 4 章），BCS 理論と対比させながらディラック場の基本的性質を概観する（第 5 章）構成とした．

第 8 および 9 章では，さらに応用的な話題として，高温高密度の媒質中でのクォークの粒子描像を調べる．特に，カイラル相転移やカラー超伝導の臨界温度付近では特徴的な集団運動モードが発達し，カラー超伝導の擬ギャップ現象などを引き起こすことを見る．また，そのようなクォーク対相関の増大を重イオン衝突によって検証する可能性についても議論する．教育的配慮から，このような集団励起を調べる標準的な理論的枠組みである線形応答理論についての初等的な解説も与えている（第 6 章）．

1.2 計算コードについて

本書に掲載した図の多くはプログラミング言語 Python3 を使って数値計算・描画したもので，描画に使ったコードはすべて以下の url に公開した:

`https://github.com/MasakiyoK/Saizensen/`

これらのコードを Python3 で実行すると，数値計算とグラフ描画が行われ，本書の挿入図と同じ内容の pdf ファイルが生成される [5]．コードは長いもので

[5] コードの実行には Python3 環境に加え，numpy，scipy，matplotlib などのパッケージが必要である．本書を執筆した 2021 年時点では，実行環境を整備するには，OS が Windows か MacOS ならば anaconda を使うのが最も手軽だと思われる．具体的な方法は，“anaconda インストール” あたりのキーワードで検索していただきたい．Linux

も 100 行程度である．読者にこれらのコードに触れてもらうことで，本書が数値計算の入門書としても使えることを意図した．また，本書では紙幅の都合により限られた図しか掲載していないが，読者自身がコードを改変してパラメータ依存性などを調べることで，物理と数値計算への理解が同時に深められるので，ぜひ活用していただきたい．

1.3 本書で用いる単位系

本書では，以下基本的に自然単位系を用いて議論を行う．この単位系では，光速 c とプランク定数 $\hbar$ を $c=1$，$\hbar=1$ にとる．たとえば質量 m の粒子の静止エネルギー mc^2 は自然単位系では m と表されるので，m はエネルギーの次元をもつことになる．また，ボルツマン定数 k_B を温度 T に掛けた k_BT を改めて T と書くことにする．つまり，$k_B=1$ ととる．したがって，以下では T もエネルギーの次元をもつ．

質量，温度などのエネルギー次元をもつ量を表す単位として，以下では高エネルギー物理で広く使われる単位である

$$\mathrm{eV} \qquad (\text{エレクトロンボルト})$$

を使う．1 eV は，電気素量 $e = 1.602176634 \times 10^{-19}$ C をもつ粒子が電位差 1 V で加速されたときに獲得するエネルギー量に等しい．また，

$$1\ \mathrm{MeV} = 10^6\ \mathrm{eV}, \qquad 1\ \mathrm{GeV} = 10^9\ \mathrm{eV}, \qquad 1\ \mathrm{TeV} = 10^{12}\ \mathrm{eV}$$

である．参考までに，$k_B=1$ の単位系での温度をケルビンに換算する

$$1\ \mathrm{eV} \simeq 1\,\text{万}\ \mathrm{K}, \qquad 100\ \mathrm{MeV} \simeq 1\,\text{兆}\ \mathrm{K}$$

という関係を覚えておくと有益である．

環境なら OS が提供するインストールコマンド（ubuntu なら apt）と pip コマンドを使うのがよかろう．これも，“linux python3 pip” あたりを検索すれば整備方法が容易に見つかる．

第2章 QCDの相構造と相対論的重イオン衝突の物理

自然界には重力，電磁気力，強い相互作用，弱い相互作用という4つの互いに区別される「力」が存在する．このうち強い相互作用の基礎理論が量子色力学(QCD)である．前章で紹介した，クォークやグルーオンの自由度が顕在化する相転移現象を理解するためには，QCDに基づく必要がある．そこで本章では，まずQCDの基本的性質をできるだけ数式を使わずに解説する．次に，QCDの相構造について説明したうえで，そのような相構造を地上で解明するための実験である相対論的重イオン衝突の物理と世界の加速器の現状，そしてその将来計画を紹介する．

2.1 量子色力学 (QCD)

2.1.1 QCDの基本的性質

核子や中間子を構成するクォークはスピン1/2をもつフェルミ粒子である．クォークは，このスピンの自由度の他にフレーバーと呼ばれる6種類の自由度をもち，それらは軽い方から順にアップ(u)，ダウン(d)，ストレンジ(s)，チャーム(c)，ボトム(b)，トップ(t)と呼ばれる．ラグランジアンに現れる各フレーバーのクォーク質量（カレントクォーク質量）は[1)]

$$
\begin{aligned}
&m_u \simeq 2.3\ \mathrm{MeV}, \qquad m_d \simeq 4.7\ \mathrm{MeV}, \qquad m_s \simeq 93\ \mathrm{MeV}, \\
&m_c \simeq 1.3\ \mathrm{GeV}, \qquad m_b \simeq 4.2\ \mathrm{GeV}, \qquad m_t \simeq 11.8\ \mathrm{GeV},
\end{aligned}
\tag{2.1}
$$

1) 厳密には，カレントクォーク質量は後述の結合定数と同様に観測するエネルギースケール μ に依存して緩やかに変化する．式(2.1)の値は，$\mu \simeq 2$ GeV での値である．

であり [5]，フレーバーごとに大きな差がある．中でも，u，d クォークは他のフレーバーと比べてかなり軽い．また，u，c，t クォークは素電荷を単位として +2/3，d，s，b クォークは −1/3 の電荷をもつ．さらに，これらの内部自由度の他に各フレーバーごとに「カラー」と呼ばれる3種の内部自由度をもっている．それらは，「赤 (red)」，「緑 (green)」，「青 (blue)」と名づけられている．

クォークがもつ3種の「カラー」は，電磁気学における正，負の電荷概念を拡張したものである．電磁気学で習うように，電磁場はベクトルポテンシャル $A_\mu(x)$ によって記述され，$A_\mu(x)$ はゲージ変換の自由度をもっている．電磁気学を量子化した量子電気力学 (Quantum elecrodynamics: QED) では，量子化された電磁場が光子を記述する．厳密な説明は専門書に譲るが [1,6]，ゲージ変換の自由度は光子と相互作用する電子などの場の位相変換に対応する．この位相変換（1次元ユニタリー群 U(1) による変換）を3種の「カラー荷」に対応した3次特殊ユニタリー変換 SU(3) 群へと拡張することで QCD が得られる．QCD ラグランジアン $\mathcal{L}_{\rm QCD}$ は QED のそれとよく似ており，比較的簡単な構造をしている．ただし，QCD はゲージ群の SU(3) への拡張に伴い，8種類のゲージ場をもち，このゲージ場で記述される粒子がグルーオンである．

QCD の著しい特徴は，光子場と異なり，グルーオン間の相互作用が存在することである．このグルーオン自己相互作用に由来して，その単純なラグランジアンからは想像も付かない複雑な諸性質が QCD から導かれる．

2.1.2　漸近的自由性

QCD の特徴の中で最も重要なものの1つのが**漸近的自由性**である．QCD を含む場の理論を量子化する際には，摂動展開の高次項に現れる発散を処理するために正則化およびくりこみと呼ばれる操作が必要である．この過程で，結合定数は $g = g(\mu)$ と，エネルギースケール μ（くりこみ点）に依存するようになる．

QCD の結合定数 g の μ 依存性 $g(\mu)$ はくりこみ群方程式と呼ばれる方程式で記述されるが，この方程式を摂動論の最低次で解くと

$$\alpha_s(\mu) \equiv \frac{g^2(\mu)}{4\pi} \simeq \frac{12\pi}{(33-2N_f)\ln(\mu^2/\Lambda^2_{\rm QCD})} \tag{2.2}$$

となる．ただし N_f はフレーバー数で，t クォークまで考慮すれば $N_f = 6$ であ

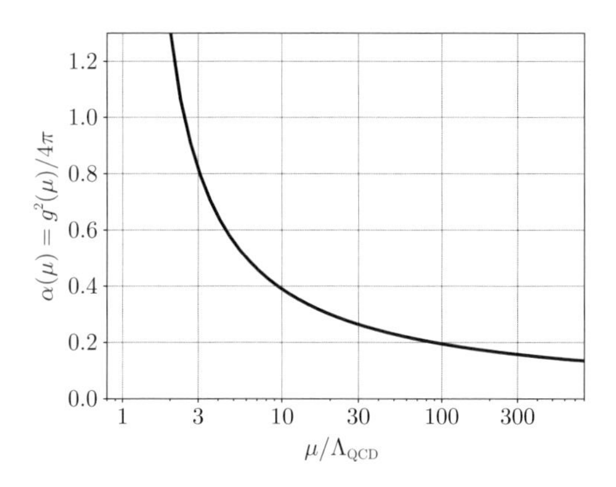

図 **2.1** QCD の結合定数 (式 (2.2)) の μ 依存性.

る．また，$\Lambda_{\rm QCD}$ は $\Lambda_{\rm QCD} \simeq 210$ MeV 程度のエネルギーの次元をもった量である．$\Lambda_{\rm QCD}$ は，量子的な効果で出現したものであることに注意したい．$\mathcal{L}_{\rm QCD}$ は，クォークの質量をゼロにとるとエネルギー次元をもつ量をもたない．つまりスケール不変な理論だが，量子化した QCD では $\Lambda_{\rm QCD}$ という次元量が出現し，スケール不変性が破れるのである [2]．

図 2.1 に，式 (2.2) の $\alpha(\mu)$ の振る舞いを示した．この図からもわかるように，$\mu > \Lambda_{\rm QCD}$ では μ を増大させると結合定数 $g(\mu)$ は単調に減少し，相互作用が弱くなる．これが漸近的自由性と呼ばれる性質であり，この性質によって QCD の高エネルギー現象はクォークとグルーオンを基本自由度として摂動論的に取り扱うことが正当化される．量子力学の不確定性関係から，大きい運動量は短距離に対応する．したがって，QCD の相互作用は分解能の上昇とともに弱くなると考えてもよい．一方で，μ を小さくしていくと $g(\mu)$ が増大し，式 (2.2) は $\mu = \Lambda_{\rm QCD}$ で発散する．$g(\mu)$ が増大する $\mu \simeq \Lambda_{\rm QCD}$ では，摂動論の最低次で得た式 (2.2) 自体が妥当性を失うので，$\mu = \Lambda_{\rm QCD}$ で $g(\mu)$ が発散するわけではないが，いずれにしても QCD の低エネルギー現象の記述においては摂動論は全く役に立たない．これが，QCD の低エネルギー現象の解析的取り扱いが困難な

[2] このように，古典論で成り立っていた対称性が量子効果により破れる現象を量子異常（アノマリー）という．いまの場合，スケールアノマリーとかトレースアノマリーと呼ばれる．

理由である．たとえば，われわれにとって身近な存在である核子を摂動論に基づいてQCDから記述することは不可能である．

このように，低エネルギー領域のQCDのダイナミクスの理解のためには，摂動論を超えた何らかの非摂動的な取り扱いが必要である．QCDを非摂動的に取り扱う方法の1つとして，数値シミュレーションを駆使する「**格子QCD理論**」と呼ばれる手法が発展している．格子QCD理論とは，離散化した時空上でQCDを定式化する理論である．この理論はQCDが非摂動的に定義できるという基本的な意義と，計算機上でQCDのシミュレーションを行う手段を与えるという実践的な重要性を併せ持っている．現在では，スーパーコンピュータを用いたシミュレーションにより，多くの低エネルギー現象がQCDに基づいて定量的に理解できるようになりつつある [7]．格子QCDを用いた数値計算は本書でも今後たびたび登場する．

2.1.3　QCD真空の謎

上でQCDに基づく核子の性質の記述が困難であることを説明したが，実は低エネルギーにおけるQCDの難しさは，この理論の粒子状態のみならず物質粒子が1つも存在しない状態，すなわち真空状態の理解すらも困難であることをも意味する．QCDを含む場の量子論における「真空」とは，粒子が1個も存在しない空っぽの状態ではなく，理論における最低エネルギー状態のことである．したがって，QCDの最低エネルギー状態である**QCD真空**は粒子間の複雑な相互作用によって決定される，いわば物質性を有した状態であり，その理解にはQCDの非摂動的効果の深い理解が必要となる．

QCD真空の重要な非摂動的性質としてまず，**カラー閉じ込め**を挙げることができる．カラー荷をもつクォークやグルーオンはQCDの基本自由度だが，それらは孤立した単独の状態（漸近状態）として観測されたことはない．実験で観測可能なのは，核子などのようにカラー荷をカラー単重項（シングレット）状態に組み合わせた状態のみである．このことを，カラーの閉じ込めという．

QCD真空のもう1つの重要な性質として**カイラル対称性の自発的破れ**が挙げられる．第5章で詳しく見るように，質量ゼロのディラック場は**カイラル対称性**と呼ばれる対称性をもつ．式 (2.1) にあるように，u，d クォークの質量は

Λ_{QCD} に比べてはるかに小さい．そこでこれらの質量を無視すると，QCD はこの 2 フレーバーに関する近似的なカイラル対称性をもつ理論とみなせる．ところが，QCD 真空はこの対称性をもたないことが知られている [3)]．このように，理論の真空状態が理論の対称性をもたないことを**自発的対称性の破れ**と呼ぶ．これに伴い，QCD の真空状態を $|0\rangle$ と表したとき，クォーク場の演算子 $\bar{q}q$ が有限の期待値

$$\langle 0|\bar{q}q|0\rangle \equiv \langle \bar{q}q\rangle \simeq (-250\ \mathrm{MeV})^3$$

をもつことや，u，d クォーク 3 個から作られた核子の質量 ($m_N \simeq 939$ MeV) が式 (2.1) の u，d クォークの質量の 3 倍よりはるかに重いこと，π 中間子の軽い質量が南部ゴールドストン粒子として説明されることなどが導かれる．カイラル対称性とその自発的破れは本書の主題であり，第 5〜7 章で詳しく解説する．

式 (2.1) にあるように，s クォークの質量 m_s も Λ_{QCD} より小さいので，u，d に s クォークを加えた 3 フレーバーのカイラル対称性を考えることもしばしば行われる．一方，c，b，t クォークの質量は Λ_{QCD} よりはるかに大きいため，Λ_{QCD} 程度までのエネルギースケールの現象を論じる際にはこれらのフレーバーは良い近似で無視できる．

QCD 真空では，上で紹介した期待値 $\langle \bar{q}q\rangle$ 以外にも，様々な演算子が非摂動的効果によって真空期待値をもつことが知られている．QCD 和則と呼ばれる理論などにより，グルーオン場の演算子 $F^a_{\mu\nu}F^{\mu\nu}_a$ が $(\alpha_s/\pi)\langle F^a_{\mu\nu}F^{\mu\nu}_a\rangle \simeq (350\ \mathrm{MeV})^4$ という真空期待値をもつことが知られている．これは，QCD 真空ではグルーオンの状態も非摂動的な効果で定まっており，摂動的な状態とは全く異なることを意味している．

2.1.4 ハドロン：QCD 真空上の低エネルギー素励起

クォークとグルーオンが単独の粒子状態として観測されないかわりに，われわれに身近な低エネルギーの世界ではこれらの自由度の複合体である核子や中間子などの粒子が基本的自由度として観測される．このような粒子は「**ハドロン**」と総称される．そこで次に，ハドロンに関する基本事項を簡単に説明して

[3)] もう少し正確に言うと，真空状態がカイラル変換の生成子の固有状態になっていない．

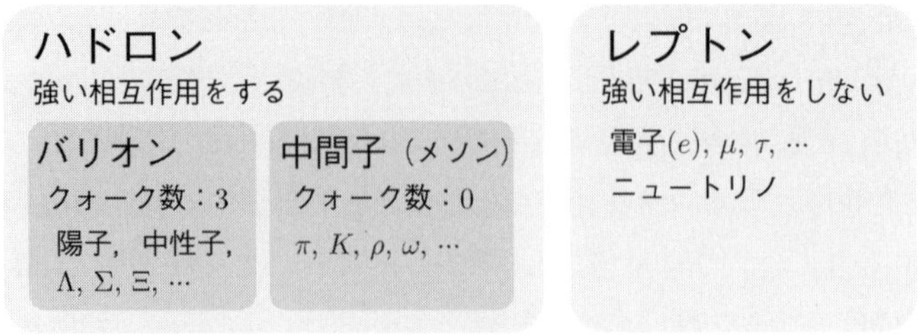

ハドロン
強い相互作用をする

バリオン
クォーク数：3
陽子，中性子，
$\Lambda, \Sigma, \Xi, \cdots$

中間子（メソン）
クォーク数：0
$\pi, K, \rho, \omega, \cdots$

レプトン
強い相互作用をしない
電子$(e), \mu, \tau, \cdots$
ニュートリノ

図 2.2 自然界で観測される粒子の分類.

おこう．以下の説明は，図2.2を参照しながら読んでいただきたい．

まず，すでに登場した核子（陽子，中性子）は，クォーク3個から作られた複合体である．クォーク3個から作られる粒子には，核子の他にも Δ，Λ，Ξ などと呼ばれる粒子が存在し，これらは総称して**バリオン（重粒子）**と呼ばれる．

相対論的な場の理論によれば，粒子には必ず対をなす「**反粒子**」が存在し，反粒子は粒子と質量が等しく粒子と反対符号の電荷をもつ．クォークの反粒子は反クォークと呼ばれ，反クォーク3個から作られる粒子のことを反バリオン（反重粒子）と呼ぶ．反バリオンはバリオンの反粒子である．この他に，クォークと反クォークが束縛して粒子状態を作ることもあり，これらの状態は**中間子（メソン）**と呼ばれる．湯川秀樹が予言した π 中間子も，その名のとおり中間子の一種であり，その他にも K，ω，ρ 中間子などの様々な中間子が存在する．そして，冒頭で登場した**ハドロン**とは，バリオンと中間子の総称である[4)]．ハドロンの語源は，「重い」とか「大きい」を意味するギリシャ語である．

なお，原子の構成要素の1つとしてすでに登場した電子はハドロンではない．ハドロンが内部構造をもつのに対し，電子はそれ以上分解できない素粒子だと考えられており，強い相互作用をしない．強い相互作用をしない素粒子は電子の他に μ，τ 粒子やニュートリノが存在し，これらを総称して**軽粒子（レプトン）**と呼ぶ[5)]．

---

4) 呼び方を統一するならバリオンは重粒子と呼ぶべきだが，最近の慣例 [8] に従って，この本ではバリオンと呼ぶことにする．

5) ニュートリノはほとんど質量がなく，電子や μ 粒子も質量が小さいため（それぞれ，0.5 MeV/c^2 および 105 MeV/c^2 ほど），「軽」粒子といえる．しかし，τ 粒子はその質量がおよそ 1.8 GeV/c^2 であり，核子の2倍ほどの大きさをもつので，もはや「軽」

本書ではこれらの粒子名が頻出するので，必要なときは図 2.2 を使って確認しながら読み進めてもらいたい．粒子や相互作用のより詳しい分類については，文献 [9,10] などを読んでいただきたい．

2.1.5 クォーク数

最後に，クォークの数について説明しておこう．QCD によれば，クォークと反クォークは真空から対で生成したり，消滅したりすることができ，クォークと反クォークそれぞれの数は時々刻々と変化する [6)]．しかし，クォークと反クォークの生成・消滅は必ず対で起こるので，両者の数の差

$$(\text{正味クォーク数}) = (\text{クォーク数}) - (\text{反クォーク数}) \tag{2.3}$$

は時間とともに変化しない保存電荷である．以下では，特に混乱のない限り「正味」を省略して式 (2.3) のことを「クォーク数」と呼ぶことにする．

保存電荷の密度とそれに共役な化学ポテンシャルは熱力学的状態を特徴づける基本的な物理量である．クォーク数密度 ρ_q に対応する化学ポテンシャルをクォーク化学ポテンシャルと呼び，μ_q と書くことにする．クォーク数と同様にバリオン数密度 ρ_{B} とバリオン化学ポテンシャル μ_{B} も定義でき，バリオンが 3 個のクォークからできていることから，

$$\rho_q = 3\rho_{\mathrm{B}}, \qquad \mu_q = \frac{1}{3}\mu_{\mathrm{B}}, \tag{2.4}$$

なる関係を満たす．

ここで注意すべきことは，$\rho_q = 0$ は必ずしも物質が何も存在しないことを意味しないことである．実際，式 (2.3) によれば，$\rho_q = 0$ の状態とはクォークと反クォークの密度が等しい状態であり，それぞれが 0 であることを意味しない．特にクォークと反クォークの複合体である中間子はクォーク数がゼロなので，中間子がいくら存在しても $\rho_q = 0$ である．また，バリオンとその反粒子（反バ

粒子という名前にそぐわない．そこで，最近は「軽粒子」ではなく，元の意味を捨象して，「レプトン」と呼ばれることが多い．

6) 厳密に言えば，クォークもしくは反クォークの数はそもそも QCD では定義すること自体ができない．一方，式 (2.3) の（正味）クォーク数は厳密に定義可能である．

リオン）が同数存在しても $\rho_q = 0$ である．

2.2 QCDの相構造

次に，有限温度・密度でのQCD物質の性質，特に相構造について概観しよう．

まず，QCD真空から出発して系のクォーク数密度（バリオン数密度）を上げていくことを考えてみよう．バリオンはクォークとグルーオンからできた複合粒子であり，有限の大きさをもつ．このため，物質を圧縮してバリオン数密度を上げていくと，ついにはバリオンが互いに接触するほど詰まった状態になるだろう．そこからさらに密度を上げると，ついにはバリオンどうしが重なり合い，物質はもはや粒子としての性質を保ったバリオンの集合としては記述できなくなる．そこでは，バリオンを構成しているクォークの多体系，すなわち，クォーク物質が形成されたと解釈することができる．

同様の相転移は高温でも起こることが期待できる．温度が T の有限温度系では，エネルギー E の状態は統計因子（ボルツマン因子）

$$e^{-(E-\mu_q)/T}$$

に比例して励起される．このため，高温では**ハドロンが熱的に励起される**確率が無視できない大きさとなる．たとえば，クォーク数密度を $\rho_q = 0$，したがって $\mu_q = 0$ に保ったまま温度 T を上げてみよう．すると，まずハドロンの中で最も軽い π 中間子が熱的に励起され始め，温度上昇に伴い π 中間子の数密度が大きくなっていく．第3章で具体的に計算するように，さらに温度を上げればより重いハドロンの熱的励起も増大する．このようにして励起したハドロンが空間を埋め尽くせば，やはりハドロンは粒子としての個性を失い，ハドロンの内部自由度であるクォークとグルーオンで記述される物質ができるだろう．

これら高温高密度物質の状態変化を，縦軸を温度 T，横軸をクォーク化学ポテンシャル μ_q として概念的に示したのが図2.3である．このような図は，各温度・密度（化学ポテンシャル）領域における物質相の違いを示したものなので，一般に**相図 (phase diagram)** と呼ばれる．特に図2.3はQCDで支配される

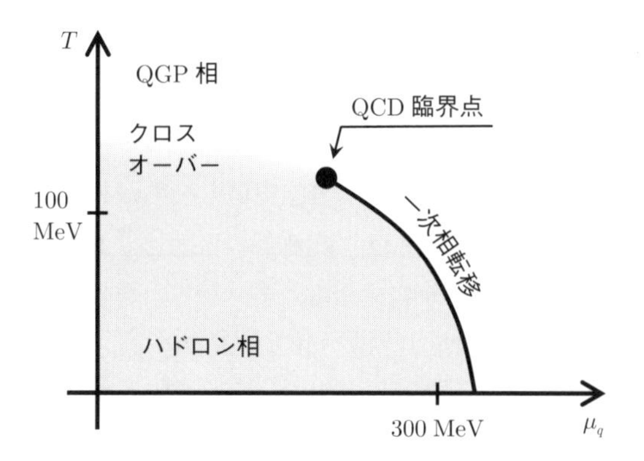

図 2.3 温度 T・クォーク化学ポテンシャル μ_q 平面上の QCD 相図の概念図．太線は一次相転移を表す．

物質の相図なので，「**QCD 相図**」と呼ばれる．また，以下では図 2.3 に示したような，QCD の自由度が顕著な役割を果たす温度・密度領域の物質を **QCD 物質**と呼ぶことにする．

図 2.3 の左下の低温・低密度領域の物質はハドロン自由度で記述される物質である．この状態を**ハドロン相**と呼ぶことにしよう．われわれの身近な宇宙はこの状態にある．一方，高温あるいは高密度では上で見たようにクォークとグルーオン自由度で記述される物質状態が実現する．このうち，左上の μ_q が小さい領域では（反）クォークとグルーオンが同程度の密度で存在するため，この領域の物質は**クォーク・グルーオン・プラズマ** (QGP) と呼ばれる．一方，右下の μ_q が大きい領域ではクォーク数密度が圧倒的に高いため，この領域の物質は**クォーク物質**と呼ばれることが多い．

次章で見るように，ハドロン相から QGP への転移は温度方向では $T \simeq 150$ MeV で実現することが格子 QCD 数値計算から知られている．また高密度方向では図 2.3 に示したように $\mu_q \simeq 350$ MeV 程度でクォーク物質への転移が起こると考えられている．第 5 章では，図 2.3 のような相図を有効模型に基づく数値計算によって具体的に計算する．

さて，ここまでは物質の状態変化について，系を構成する基本自由度の変化に注目して論じてきた．しかし QCD 相図上では基本自由度の変化にとどまらず，QCD のもつ対称性に関係した真空の変化や，各物質相内における多様な物性の変化が起こることが知られている．

特に，高温あるいは高密度環境下ではQCD真空において「自発的に破れ」[7]ていたカイラル対称性の回復に対応する相転移が起こる．標語的に言えば，物質の存在によってその存在場所である真空そのもののが質的変化を引き起こすのである．真空の構造が変化すると，真空上の素励起であるハドロンにも変化が現れ，ハドロンの質量などが変化することになる．有限温度・密度媒質中での真空の変質については，第5，7章で詳しく調べる．

第5章で詳しく解説するように，カイラル対称性の自発的破れと媒質中におけるその回復は，実は，超伝導物質がもつ超伝導状態と常伝導状態との相転移に類似している．実際，対称性の自発的破れという概念を物理学に導入した南部陽一郎は弱結合系超伝導の微視的理論であるBCS理論 [12] からヒントを得てこの概念に到達した [13]．つまり，QCDの真空状態とは超伝導状態のような「物質状態」と解釈されるべきものであり，超伝導物質の性質が温度などの環境によって変化するように，QCDの真空もまた環境の変化に応じて変質するのである．本書ではこのような対応関係が明示的になるように，まず超伝導の基礎理論であるBCS理論を解説し（第4章），その後でBCS理論との対応関係に注意しながら，カイラル対称性の自発的破れに関係した真空の相転移を論じることにした（第5章）．

次に，これらの相転移の次数について考えてみよう．まず，$\mu_q = 0$，すなわち図2.3の温度軸上で温度を変化させた際のハドロン相からQGPへの物質変化は格子QCD数値計算によって詳しく解析されている．第3章で詳しく説明するのだが，これらの研究により，$\mu_q = 0$での相転移は連続的に起こり，明確な相転移点をもたないことが知られている．このような連続的な転移のことを，**クロスオーバー**と呼ぶ．

一方，μ_qが大きい高密度領域に関しては格子QCD数値計算の有効な計算法が未確立で，信頼できる結果は得られていない．そのため，高密度領域のQCD相図の正確な理解は現在も未解明問題として残されている．しかし，第5章で具体的に計算するように，QCDの有効模型による解析によって高密度領域では

---

[7] 真空における対称性の自発的破れの概念は第5章においても説明が与えられるが，詳しく知りたい人は，文献 [11] の § 3.3，あるいは，本格的には文献 [6] を参照のこと．

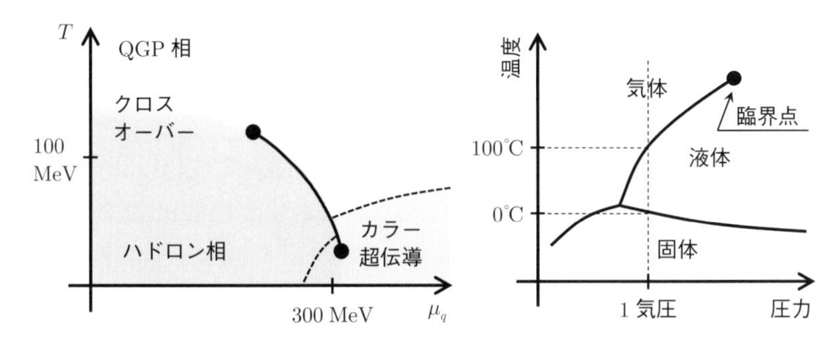

図 2.4 左：より複雑な QCD 相図の例．右：水の相図．液相と気相を隔てる一次相転移は，高圧で端点（臨界点）をもつ．

クロスオーバー転移が一次相転移線へと変化する可能性が指摘されている．この一次相転移線を図示したのが，図 2.3 の太線である．ただし，図 2.3 に示した QCD 相図は最も単純な概念図であることに注意したい．実際には，QCD 物質は，たとえば，低温高密度の領域ではカラー超伝導と呼ばれるクォークがクーパー対を作った状態に転移する可能性 [14] や，非一様な状態が実現する可能性が指摘されている．また，図 2.4 左に示すように，高密度領域で一次相転移が現れた場合に，超高密度・低温領域でこの一次転移が再びクロスオーバーとなる可能性も指摘されている [15–17]．このように，高密度領域の相構造は現在のところ，未知のベールに包まれているのである．

高密度領域に一次相転移が存在する場合，$\mu_q = 0$ ではクロスオーバーなので，この一次相転移線は図 2.3 のように，少なくとも 1 つは端点をもたなくてはならない．このような一次相転移の端点は，図 2.4 左に示した水の相図でなじみ深いものである（たとえば，参考文献 [18] の第 6 章「相転移の熱力学」参照）．この図に示したように，水の液相と気相は大気圧下では一次相転移で隔てられているが，この一次相転移はおよそ 220 気圧で消失し，これより高い圧力下では液相と気相の区別はなくなる．ここで現れる一次相転移の端点は二次相転移点になっていて，**臨界点**と呼ばれる．

これと同様に QCD 相図上に現れる臨界点は **QCD 臨界点**と呼ばれ，水の臨界点と同様，二次相転移点になっている．二次相転移点は，相転移を記述する秩序変数のゆらぎが発散するという特徴をもつ．また，少し高度な熱力学で学ぶよ

うに，臨界点は様々な特異性と普遍性をもつ特殊で興味深い点である [19–21]．臨界点が同じ普遍クラスと呼ばれる分類に属する場合，全く異なる系であっても臨界点付近の熱力学的性質に類似性が現れることが知られている．たとえば，臨界点の臨界温度 T_c に低温から近づくとき比熱は $|T-T_c|^{-\alpha}$ に比例して変化するが，ここで現れる臨界指数と呼ばれる係数 α の値は，同じ普遍クラスに属する臨界点であれば物質によらずに共通の値をとる．実は水の臨界点と QCD 臨界点は同じ普遍クラスに属することが知られており，したがって α の値は水の臨界点と QCD 臨界点で全く同じである．密度にして 10 桁以上隔てた相転移の間の普遍性は驚くべき事実である．臨界点では，比熱の他にも密度ゆらぎなどの種々の物理量が発散する．これが後に述べる高エネルギー重イオン衝突による QCD 臨界点探索の 1 つの鍵となっている．

2.3　重イオン衝突実験による極限状態の探索

さて，ここまで見てきた QCD 物質の豊かな物性現象は，どのような実験，あるいは観測で検証できるだろうか？不確定な要素が特に大きい高密度領域の QCD 物質の理解では，実験や観測による検証が特に重要な役割を果たすことが期待される．

これを実現する 1 つの手段は，宇宙に高温高密度物質を見つけ，精密に観測することである．前章でも言及したように，中性子星の質量や半径を精密に観測すれば内部構造に関する情報が間接的に得られる．近年実現した連星中性子星合体に伴う重力波の観測からは，合体した中性子星の半径や潮汐変形などに関する新しい情報が得られ，中性子星内部の高密度物質に関する理解が一挙に進んだ．

しかし，宇宙で起こる現象は地上では到底実現できない極限状態が作られるというメリットがある一方で，はるか彼方からの観測で得られる情報はどうしても限定的にならざるを得ないし，現象を制御することもできない．宇宙の観測と相補的な方法は，直接的に地上で極限状態の物質を創生し観測することである．これを実現する強力かつ現状唯一の手段が，**高エネルギー重イオン衝突**

実験である.

2.3.1 高エネルギー重イオン衝突実験とRHICの成果

重イオンとは,質量数(陽子数と中性子数の合計)が比較的大きな原子核のことである.高エネルギー重イオン衝突実験といった場合には,特に金や鉛などの質量数が200程度以上の原子核を意味することが多い.これらの大きな原子核を加速器で光速近くまで加速し,正面衝突させるのが高エネルギー重イオン衝突実験であり,**相対論的重イオン衝突実験**とも呼ばれる.

加速器実験では,重イオン衝突の他に,電子や陽子などの衝突実験も広く行われている.これらと比べ,重イオン衝突実験は衝突する原子核が大きいため,衝突で作られる系が相対的に大きく複雑であることを特徴とする.これにより局所的に熱平衡とみなせる高温・高密度の状態が作られ,その探索が可能となる.一方,電子や陽子の衝突には衝突で作られる系が比較的シンプルであるという特徴があり,新粒子の探索やハドロン構造の測定などの目的にはこちらが適している.

重イオン衝突実験を使った高温・高密度物質の探索は1980年代に始まり,最新の実験である欧州CERNの加速器LHCでの実験に至るまで,世界各地の加速器実験施設で衝突エネルギーを上昇させながら実験が行われてきた.高エネルギー重イオン衝突の衝突エネルギーを表す指標としては,重心系で測定した核子対あたりのエネルギー $\sqrt{s_{NN}}$ がよく使われる.2000年に開始した米国Brookhaven国立研究所の加速器RHIC (Relativistic Heavy Ion Collider)で行われた実験では,$\sqrt{s_{NN}} = 200$ GeVの衝突実験によって,QGPの生成が確認された[2].

重イオン衝突では,仮にQGPが作られてもそれを直接観測できるわけではない.衝突で生成されたQGPは,膨張に伴う冷却によって瞬時にハドロンの気体状態へと転移し,飛散したハドロンが検出器で観測される.重イオン衝突実験では,こうして観測されたハドロンの情報から初期のQGPの情報を組み立て探っていく必要がある.このため,重イオン衝突実験でQGPに関する明確な情報を得るのはそう容易ではない.しかしRHICでは,

1. ハドロンの集団的な流れ（**フロー**）の構造
2. ジェット[8] の伝搬が真空中よりも強く抑制されること
3. 黒体輻射に対応する光（熱光子）を使った温度の測定

などの観測により，これら諸現象の整合的な解釈としてQGP生成が結論されたのである [2,22,23].

さらに，この実験では生成されたQGPの時間発展が粘性のほとんどない**相対論的流体方程式**[9] によってよく記述されることが発見された．粘性係数が小さいということは，（気体的描像が比較的よい流体では）流体を構成する粒子の**平均自由行程**が短いことを意味する [24]．平均自由行程は相互作用が大きな系ほど短くなるので，この結果はRHICで発見されたQGPが比較的強く相関した系であることを示唆する．この物質は強相関QGP (**sQGP**) [25] と呼ばれ，大きな注目を集めた[10].

2009年からは欧州CERNの加速器LHCで $\sqrt{s_{NN}} = 2.7$ TeV，5.5 TeVというさらに高エネルギーの重イオン衝突実験が行われ，RHICよりも高温のQGPに関する様々な情報を提供している．RHICやLHCで作られる高温物質の温度は $T = 400$ MeV以上に達するが，この温度は，初期宇宙で言えばビッグバンからおよそ 10^{-6} 秒後の温度に相当しており [28]，この高温物質の膨張は，ビッグバンとの対比でしばしば**リトルバン**とも呼ばれる．

2.3.2　重イオン衝突実験での温度と密度の制御

さて，高エネルギー重イオン衝突実験の重要な特徴の1つとして，入射エネルギー $\sqrt{s_{NN}}$ を変えることにより生成されるQGPの温度やクォーク数密度をある程度制御できることが挙げられる．具体的には，RHICの最高衝突エネルギー $\sqrt{s_{NN}} = 200$ GeVやLHCでの衝突はクォーク数密度がほぼゼロのQGP

---

[8] 超高エネルギーのクォークやグルーオンを起源として発生するハドロン集団が限られた角度方向に集中的に飛び出してくる現象．

[9] 粘性のない流体は完全流体と呼ばれる．

[10] 見かけ上の小さい粘性を説明する理論的仮説としては，sQGP仮説の他に，弱結合ながらQGPが乱流になっているために粒子の平均自由行程が短くなっていることによる**異常粘性**であるという理論 [26] や，不完全な「閉じ込め」の効果であるという説 [27] もある．

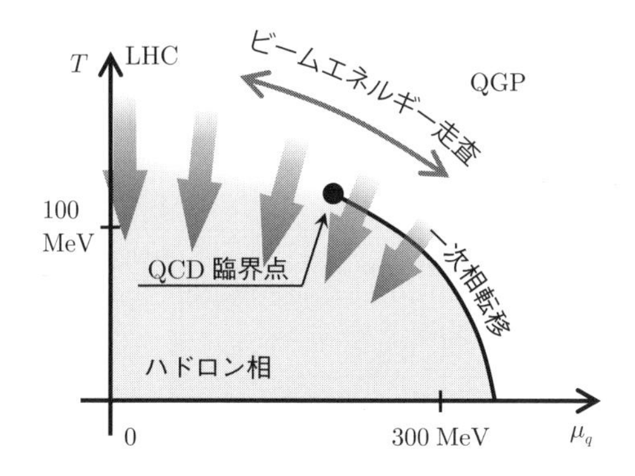

図 2.5　重イオン衝突の $\sqrt{s_{NN}}$ 依存性の概念図.

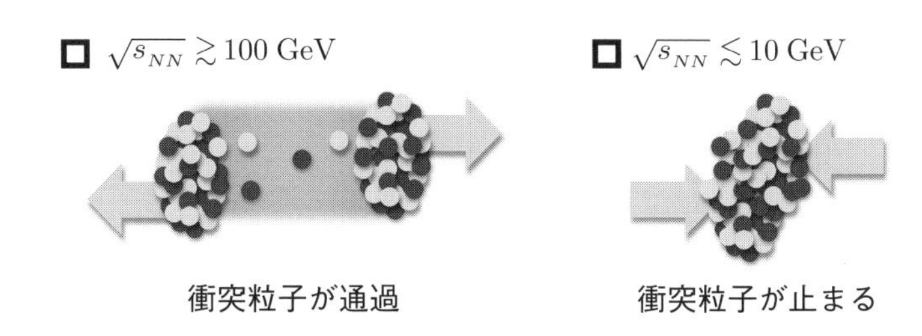

図 2.6　超高エネルギーの重イオン衝突では衝突粒子が衝突点付近を通過するため，生成される系のクォーク数密度は小さい（左）．一方，$\sqrt{s_{NN}}$ を低下させていくと衝突粒子が衝突点付近にとどまる確率が上がり，クォーク数密度が上昇する．

を作るのに対し，$\sqrt{s_{NN}}$ を下げていくと図 2.5 のように生成される物質のクォーク数密度が増大していく．したがって，この性質を使えば，QCD 相図上の様々な領域を探索することが可能になる．

ではなぜ，$\sqrt{s_{NN}}$ を変えると温度やクォーク数密度が変化するのかを図 2.6 を使って説明しよう．まず超高エネルギー ($\sqrt{s_{NN}} \gtrsim 100$ GeV) の衝突を考えると，この場合は図 2.6 左のように入射原子核内部のクォークは衝突後に基本的に衝突点を貫通してしまう．高エネルギーでは核子間相互作用 (散乱断面積) は小さく，衝突による十分な速度減少（ストッピング）が起こらないためである．このとき衝突点付近には衝突によって発生したエネルギー密度が残され，これが熱平衡化することで高温物質が作られるのだが，衝突点付近ではクォークと反クォークはもっぱら対生成でのみ作られるため，クォークと反クォークの密

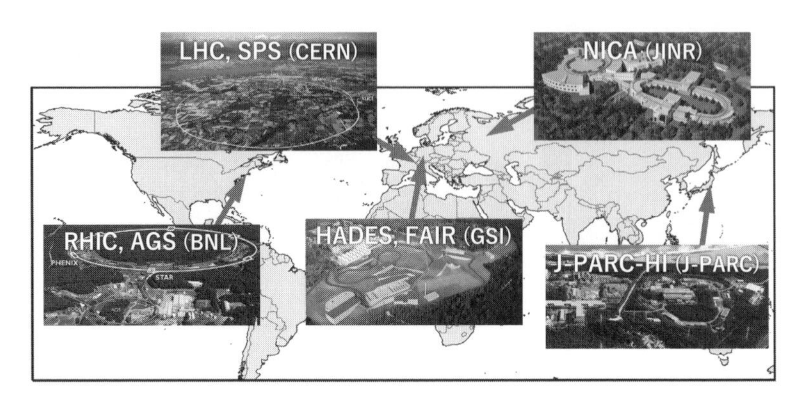

図 2.7　ビームエネルギー走査に関与する世界各地の重イオン衝突実験施設（口絵1参照）.

度の差であるクォーク数密度は小さい．上で述べたRHICの $\sqrt{s_{NN}} = 200$ GeV の衝突や，さらに高エネルギーのLHCでの衝突はこのようなエネルギー領域に相当し，衝突で作られる物質では

$$\mu_q \ll T$$

が成立する．なお，衝突点付近のエネルギー密度は $\sqrt{s_{NN}}$ の上昇とともに大きくなり，初期温度 T も上昇する．

一方，低エネルギーの衝突では核子間相互作用が増大し，衝突する核子の初期運動エネルギーも小さいため，図2.6右のように入射原子核内の核子が衝突点付近で止まる確率が上がり，生成される物質のクォーク数密度 ρ_q が上昇する．もちろん，$\sqrt{s_{NN}}$ を下げすぎると入射原子核が接触しなくなるか，接触しても十分な圧縮が起こらなくなるため密度上昇が見込めなくなる．それでも，$\sqrt{s_{NN}} \simeq 4$ GeV 程度までは $\sqrt{s_{NN}}$ の下降とともに ρ_q が上昇すると考えられている．

2.3.3　ビームエネルギー走査実験によるQCD相図探索

重イオン衝突の $\sqrt{s_{NN}}$ 依存性を詳しく調べ，T-μ 平面上の様々な領域の物質の性質を探る実験は「**ビームエネルギー走査 (beam-energy scan: BES)**」と呼ばれ，現在の高エネルギー重イオン衝突実験の重要な研究課題の1つとなっている．

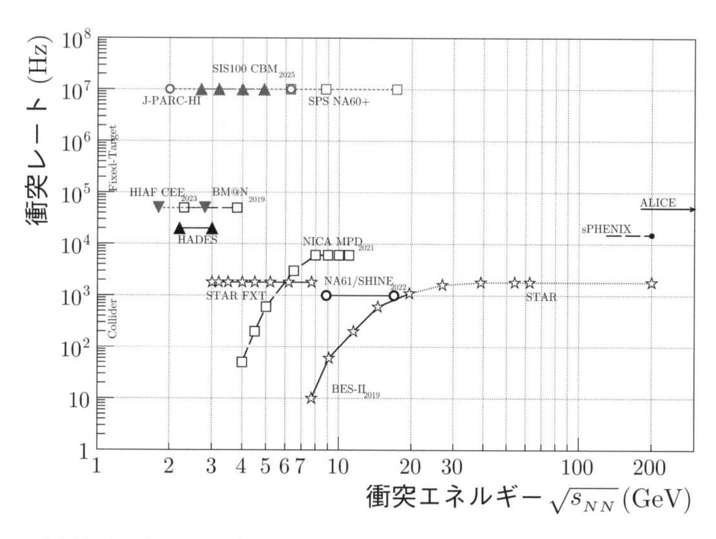

図 2.8　世界各地で行われる重イオン衝突実験と将来計画 [29]．横軸は衝突エネルギー $\sqrt{s_{NN}}$，縦軸は衝突レート．

現在このプロジェクトの中心施設であるRHICでは，衝突エネルギーを加速器の最高エネルギー $\sqrt{s_{NN}} = 200$ GeV から大幅に下げた $\sqrt{s_{NN}} = 7.7 \sim 20$ GeV 領域での $\sqrt{s_{NN}}$ 依存性を精査する **RHIC-BES プログラム**と呼ばれる実験を 2010 ~ 2015 年頃に行った．またこの実験で興味深い観測結果が得られたことから，2019 ~ 2021 年にかけて BES プログラムの第二期 **RHIC-BES-II** が行われた．またこの他に，図 2.7 に示したドイツ GSI の HADES や，LHC の NA61/SHINE 実験などでも，同様の実験が行われている．さらに，$\sqrt{s_{NN}} = 2 \sim 10$ GeV 領域を目指す次世代の実験計画がドイツ GSI の FAIR やロシア JINR の NICA，我が国の J-PARC などの世界各地で計画されている（図 2.7）．

これらの重イオン衝突実験のそれぞれの特性を図 2.8 に示した [29]．この図は，世界各地の重イオン衝突実験が実現する衝突エネルギー $\sqrt{s_{NN}}$ と衝突頻度の関係を示している．RHIC-BES-II，NA61/SHINE，STAR-FXT，HADES が 2021 年現在稼働中あるいは稼働を終えた実験で，SIS100-CBM，NICA-MPD，J-PARC-HI が将来計画である．この図からわかるように，将来実験では従来と比べて桁違いの衝突頻度による高精度実験が実現し，これによって高密度のQCD相図に関する精密な情報が初めて手に入ることが期待されている．

高エネルギー重イオン衝突の歴史を振り返ると，2009年にLHCが稼働するまでは時代とともに最高衝突エネルギーの更新が続いており，最新技術は常に最高衝突エネルギーの実験に使われてきた．これが，RHICやLHCでの輝かしい研究成果につながるのだが，その一方で中間エネルギー領域の探索は置き去りにされてしまった．一方，近年の理論研究の発展により，このエネルギー領域にはQCD相構造を含めたQCD物質の豊かな物性が潜んでいる可能性が明らかになった．さらに，QCD臨界点の存在検証などにはこれまでにない高精度・高統計の実験が要求されるのだが，RHICやLHCで発展した加速器・検出器技術によってこれが実現可能になりつつある．これらの発展によって，中間エネルギー領域の探索が重要課題として浮かび上がり，理論的にも実験的にも挑戦的な研究分野として大きな潮流を作るに至ったのである．今後，SIS100-CBM，NICA-MPD，J-PARC-HIなどの将来計画が実現することで，高密度領域における相構造解明を含むQCD物性の研究はますます発展することが期待できる．

第3章 超高温・高密度物質の熱力学

本章では，前章までに概観した超高温・高密度における QCD 物質の性質について，特に熱力学量に焦点を絞ってより定量的な解説を行う．

最初に，有限温度だが $\mu_\mathrm{B} = \mu_\mathrm{q} = 0$，すなわちバリオン数密度が存在しない場合を考える．QCD 相図（図 2.3）で言えば，左端の温度軸上で T を変化させたときに物質の性質がどのように変化するかを考察する．この軸上では，格子 QCD 理論に基づく信頼に足る第一原理数値シミュレーションが可能である．本章では，そのような第一原理計算によって得られた熱力学量を使った定量的な解説を行う．数値シミュレーション結果の物理的意味を理解するには，参考系としてハドロンやクォークで構成された自由粒子系の熱力学的特徴を踏まえておくことが有益である．そこで準備として，まずはじめに**相対論的自由気体**の統計力学を論じ，基本的な熱力学量の計算と解析を行う（3.1 節）．その後，3.2 節でこれらの結果と格子 QCD 数値シミュレーションの結果を比較し，物質が温度の上昇に伴ってどのようにハドロン相から QGP へと質的に変化していくかを見る．最後に，3.3 節でバリオン数密度が有限の場合について解説する．

3.1 相対論的自由気体の熱力学

QCD 物質の低温・低密度極限から話を始めよう．$T = 0$，$\rho_\mathrm{B} = 0$ の QCD 真空から出発し，$\rho_\mathrm{B} = 0$，したがって $\mu_\mathrm{B} = 0$ を保ったまま温度 T をわずかに上昇させた状態を考えてみる．統計力学によれば [18, 19, 24, 30]，温度が T の環境ではエネルギーが E の状態が相対的な確率 $e^{-E/T}$ で出現する．このため，低温の QCD 物質では低エネルギーの状態が支配的に現れる．QCD の最低エネルギー状態は真空だが，真空の次にエネルギーが低いのは，最も質量の軽いハドロンが1個存在する状態である．実際，相対論的力学において質量 m，運動量 p の粒子のエネルギーは $E=\sqrt{m^2+p^2}$ なので，質量が軽い粒子ほど励起エネルギーも低い [1)]．最も軽いハドロンは質量 $m_\pi \simeq 140$ MeV の π 中間子である [11]．次に軽い K 中間子の質量 m_K は約500 MeV と，π 中間子と比べて随分重い．このため，$T \ll m_\pi$ が満たされる低温状態は，熱的に励起した π 中間子のみが希薄に存在する気体状態ということになる．密度が十分低ければ平均粒子間距離が大きく，相互作用が無視できないほど粒子が接近することは稀にしか起こらないので，粒子間の相互作用は無視できる [2)]．したがって，十分低温の QCD 物質は良い近似で π 中間子からなる自由気体とみなせる．

ちなみに，われわれにとって最も身近なハドロンである核子の質量 $m_N \simeq 940$ MeV は π 中間子のそれと比べてはるかに大きいので，いま考えている低温でかつ $\mu_{\rm B}=0$ の物質中には核子はほとんど存在しない．われわれの身近な物質が核子で満たされており，反対に中間子を見かけないのは，われわれの世界ではバリオン化学ポテンシャルが $\mu_{\rm B} \simeq m_N$ を満たし，バリオンのボルツマン因子 $e^{-(E-\mu_{\rm B})/T}$ が増大するためである．このように，いま考えている $\mu_{\rm B}=0$ の物質はわれわれの身近な物質とは構成要素が大きく異なることに注意しておこう．

一方，逆の高温極限の状態では QCD 物質の基本自由度は閉じ込めから解放されたクォークとグルーオンである（第2章参照）．さらに QCD の漸近的自由性のために，温度が高くなればなるほどこれらの粒子間の相互作用はどんどん弱くなっていく．したがって，QCD の高温極限は良い近似でクォークとグルーオンからなる自由気体とみなせるであろう [3)]．

このように，$\mu_{\rm B}=0$ の QCD 物質は，系の構成要素こそ全く違うものの，低温と高温の両極限で共に自由気体というシンプルな描像が良い近似で適用でき

---

1) 本書では $c=1$ となる単位系をとっているので m はエネルギーの次元をもっている．光速 c を復活させると，$E=\sqrt{(mc^2)^2+(pc)^2}$ である．

2) パイ中間子はカイラル対称性の破れに伴う南部—ゴールドストーン粒子であるという本性のために，そもそも低エネルギーのパイ中間子どうしの相互作用は弱いという性質がある [6]．

3) 実際は，グルーオンの質量が0であり，相互作用の到達距離が無限であるため全くの「自由気体」として扱うことが妥当であるかについては立ち入った考察が必要である．

るのは興味深い．以下では，これら両極限の性質を理解するために相対論的な自由粒子系の熱力学量を計算する．

3.1.1 相対論的自由気体

質量 m の単一の相対論的自由粒子からなる系を考え，温度 T，化学ポテンシャル μ の大正準分布 [18,30] の熱力学量を計算する．自由粒子の大分配関数 Z の表式は

$$\ln Z = \mp V \int \frac{d^3p}{(2\pi)^3} \ln\left[1 \mp e^{-(E_p-\mu)/T}\right] \tag{3.1}$$

である [4)]．複号の上下はボース統計とフェルミ統計に従う粒子に対応し，$E_p = \sqrt{m^2+p^2}$ は運動量 $\boldsymbol{p}$ の粒子のエネルギー，V は系の体積である．

分配関数 (3.1) を使えば，熱力学系の圧力 p，粒子数 N，エントロピー S，および（内部）エネルギー E は次の熱力学関係式 [18,30] から導出できる：

$$\begin{aligned} &p = \frac{\partial}{\partial V} T \ln Z, \quad N = \frac{\partial}{\partial \mu} T \ln Z, \quad S = \frac{\partial}{\partial T} T \ln Z, \\ &E = -pV + TS + \mu N. \end{aligned} \tag{3.2}$$

式 (3.1) を (3.2) に代入することで，エネルギー密度 $\varepsilon = E/V$ と粒子数密度 $n = N/V$，圧力 p は以下のように計算できる：

$$\varepsilon = \int \frac{d^3p}{(2\pi)^3} \frac{E_p}{e^{(E_p-\mu)/T} \mp 1}, \quad n = \int \frac{d^3p}{(2\pi)^3} \frac{1}{e^{(E_p-\mu)/T} \mp 1}, \tag{3.3}$$

$$p = \mp T \int \frac{d^3p}{(2\pi)^3} \ln\left[1 \mp e^{-(E_p-\mu)/T}\right]. \tag{3.4}$$

3.1.2 高温極限

高温極限の系はクォークとグルーオンで構成されている．それらの自由気体を考えてみよう．ボース粒子であるグルーオンの 1 自由度あたりのエネルギー密度 ε は式 (3.3) を使って以下のように計算できる：

---

4) この表式は，4.1 節で自由粒子のハミルトニアンから導出する．また，スピンなどの内部自由度は当面無視する．

$$\varepsilon = \int \frac{d^3p}{(2\pi)^3} \frac{p}{e^{p/T}-1} = \frac{1}{2\pi^2} \sum_{n=1}^{\infty} \int_0^{\infty} dpp^3 e^{-np/T}. \tag{3.5}$$

ただし $p = |\boldsymbol{p}|$ とした．さらに，$\int_0^\infty dpp^3 e^{-ap} = 6/a^4$ を使うと，

$$\varepsilon = \frac{1}{2\pi^2} \sum_{n=1}^{\infty} \frac{6}{n^4} T^4 = \frac{3T^4}{\pi^2} \zeta(4) = \frac{\pi^2}{30} T^4 \tag{3.6}$$

が得られる．ただし，

$$\zeta(x) = \sum_{n=1}^{\infty} \frac{1}{n^x}$$

はリーマンのゼータ関数 [31] で，最後の等式では $\zeta(4) = \pi^4/90$ を使った．同じような計算によって圧力は $p = (\pi^2/90)T^4$ となり，$\varepsilon = 3p$ なる関係が成立することもわかる [5]．

クォークは有限の質量をもつが，運動量 $\boldsymbol{p}$ の平均的大きさは T とともに増大するため，$T \gg m$ が満たされる場合には m を無視して $E_p = |\boldsymbol{p}|$ としてよい．Fermi 粒子であるクォーク系の場合には，式 (3.3) と $1/(x+1) = \sum_{n=1}^{\infty}(-1)^{n+1}x^{-n} = \sum_{n=1}^{\infty} x^{-n} - 2\sum_{n=1}^{\infty} x^{-2n}$ なる関係を用いて

$$\varepsilon = \frac{7}{8}\frac{\pi^2}{30}T^4, \quad p = \frac{7}{8}\frac{\pi^2}{90}T^4, \tag{3.8}$$

が得られる．

さて，以上は 1 自由度あたりの計算である．前章で議論したように，グルーオンは 8 種類あり，それぞれがスピン自由度 2 をもつため，計 16 の自由度をもつ．一方，クォークはスピン自由度 2 の他にカラー自由度 3 とフレーバーの自由度をもっている．フレーバー数を N_f とすればクォーク全体では $6N_f$ の自由度をもつ．さらに粒子と反粒子が存在することを考慮すれば全自由度は $12N_f$

[5] 以上の結果は，光子気体の熱力学量（黒体輻射）としてなじみ深いものである [18,19,30]．光子は質量ゼロのボース粒子であり，偏極による 2 自由度をもつため，光子気体のエネルギー密度と圧力は上で得られた結果を 2 倍して，

$$\varepsilon = \frac{\pi^2}{15}T^4 \qquad p = \frac{\pi^2}{45}T^4 \qquad (\text{光子気体}) \tag{3.7}$$

となる．これらは Stefan-Boltzmann の法則として知られている．同様に，ここでの計算は QCD に基づいて黒体輻射を考えることに相当する．

である．したがって，高温極限の QCD 物質の熱力学量は上で計算した自由粒子の熱力学量をグルーオン 16 自由度とクォーク $12N_f$ 自由度について足し合わせた

$$\varepsilon = \left(16 + \frac{21}{2}N_f\right)\frac{\pi^2}{30}T^4, \qquad p = \left(16 + \frac{21}{2}N_f\right)\frac{\pi^2}{90}T^4, \tag{3.9}$$

となる．T^4 に比例する表式 (3.9) は，光子気体の Stefan-Boltzmann 則 (3.7) との類推から Stefan-Boltzmann 極限と呼ばれ，この場合も $\varepsilon = 3p$ が成立する．

3.1.3 低温極限

次に，低温の π 中間子気体を考察しよう．いま，$T \ll m_\pi$ とすると，式 (3.3) や (3.4) の被積分関数に対して

$$\frac{1}{e^{E_p/T} \mp 1} \simeq e^{-E_p/T}, \qquad \mp \ln(1 \mp e^{-E_p/T}) \simeq e^{-E_p/T}$$

という近似を行うことが許される．これらの表式は，希薄気体では量子統計性が無視でき，近似的に古典的な Boltzmann 気体とみなせることを示している．さらに $T \ll m_\pi$ であるから，系に熱的に励起する π 中間子の運動量 $\boldsymbol{p}$ は $|\boldsymbol{p}| \ll m_\pi$ を満たしており，非相対論近似 $\sqrt{m^2 + p^2} \simeq m + p^2/2m$ が適用できる．これらの近似のもとで，式 (3.3)，(3.4) の圧力とエネルギー密度は

$$p = T\left(\frac{mT}{2\pi}\right)^{3/2} e^{-m/T}, \qquad \varepsilon = m\left(\frac{mT}{2\pi}\right)^{3/2} e^{-m/T}, \tag{3.10}$$

となる．

π 中間子は $\pi^\pm$ と π^0 の 3 種類あることを考慮すると，低温極限での QCD 物質の熱力学量は上の結果を 3 倍した，

$$p = 3T\left(\frac{m_\pi T}{2\pi}\right)^{3/2} e^{-m_\pi/T}, \qquad \varepsilon = 3m_\pi\left(\frac{m_\pi T}{2\pi}\right)^{3/2} e^{-m_\pi/T}, \tag{3.11}$$

となることがわかる．因子 $e^{-m_\pi/T}$ の存在により，$T \ll m_\pi$ では圧力，エネルギー共に強く抑制される．温度が高くなると上記の非相対論近似および古典近似の両方が適用できなくなり，解析的な表式は複雑になる．

3.1.4 ハドロン共鳴気体模型

上の議論では π 中間子のみからなる気体を考察したが，QCD 物質の温度を上昇させていくと K 中間子 ($m_{\mathrm{K}} \simeq 500$ MeV) や ρ 中間子 ($m_\rho \simeq 780$ MeV) などの，より重いハドロンが励起する効果も無視できなくなる．その場合も，粒子の密度が希薄なうちは相互作用が無視でき，系を様々な種類のハドロンが混合した自由気体とみなせるであろう．このとき系の p と ε は，各ハドロンの寄与の和をとって

$$p = \sum_{h=\mathrm{hadron}} p_h, \quad \varepsilon = \sum_{h=\mathrm{hadron}} \varepsilon_h, \tag{3.12}$$

と与えられる．ただしここで添字 h は $h = \pi$，K，ρ，$\cdots$ など，すべてのハドロン状態を表し [6)]，p_h と ε_h は各ハドロンの圧力への寄与（分圧）とエネルギー密度である．

式 (3.12) のように，すべてのハドロン自由度を取り入れた自由気体として QCD 物質の熱力学量を記述する模型を，**ハドロン共鳴気体 (hadron resonance gas = HRG) 模型**と呼ぶ．ハドロンの種類としては，実験的に存在が確立しているハドロン共鳴状態を考慮するのが基本だが，近年は理論的に存在が予言される未観測状態も取り込むのが通例になりつつある．次節で見るように，ハドロン共鳴気体模型は，格子 QCD で計算された熱力学量の低温領域をよく再現することが知られている．

図 3.1 に，HRG 模型で得られる ε，p の温度依存性を実線で示した．ただし，この結果では式 (3.12) の h のハドロンの和として質量が約 2.5 GeV までの実験的に存在が確立したものと理論的に存在が予想されるものを考慮している [7)]．図 3.1 には，HRG 模型の結果に加え，π 中間子のみからの寄与，π，K 中間子からの寄与，そして質量が 1 GeV 以下のハドロンの寄与を式 (3.12) の h の和として考慮した場合の熱力学量も示してある．この図から，$T \lesssim 60$ MeV では ε，p がほぼ π 中間子の寄与で占められており，物質状態が π 中間子の気体とみ

---

6) ハドロンの多くは共鳴状態として観測される．ここでの和には，これらの共鳴状態もすべて取り込む．

7) 図 3.1 および図 3.2 の HRG 模型の結果は，文献 [32] で提供されているハドロンのリストを使い作成したものである．HRG 模型に関しては門内晶彦氏，Marcus Bluhm 氏のデータ提供にも感謝する．

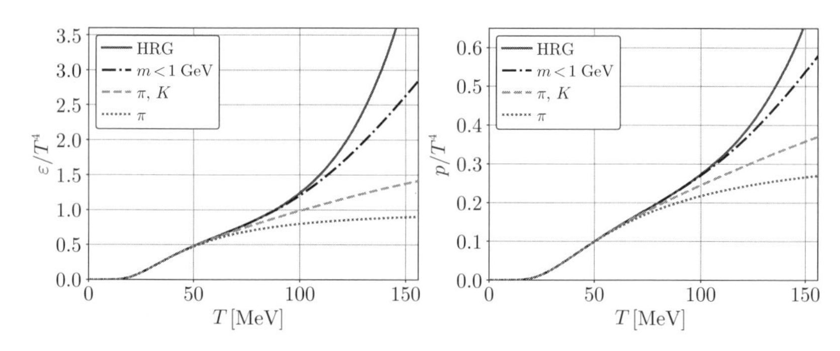

図 3.1 ハドロン共鳴気体 (HRG) 模型で計算されたエネルギー密度 ε および圧力 p（実線）．π 中間子，π，K 中間子，および 1 GeV 以下のハドロンがエネルギー密度 ε および圧力 p にもたらす寄与も点線，破線，一点破線で示した．

なせることがわかる．一方，これより高い温度では π 中間子以外のハドロンも有意な寄与を持ち始める．

3.2 QCD の熱力学量：格子 QCD シミュレーションの結果

以上を準備として，次に格子 QCD に基づく数値シミュレーションで得られた熱力学量の振舞いを見ることにしよう．

有限温度の格子 QCD シミュレーション（以下では「格子 QCD 数値計算」と書く）は，QCD が強い相互作用の基礎理論として確立して間もない 1980 年前後から世界各地の研究グループが取り組み始め，現在も精力的な研究が進められている．格子 QCD 数値計算は，クォーク質量が軽いほど長時間の計算が必要になるという特徴がある．このため，当初はクォーク質量が現実世界よりも重い場合から計算が始められ，徐々に軽い現実質量の場合へと発展してきた．そして 2014 年に，2 つの大きな国際共同研究グループ [8] が独立に行った現実的なクォーク質量でのエネルギー密度 ε と圧力 p の高精度の解析結果が誤差の範囲で一致するに至り，$\mu_{\rm B}=0$ での有限温度格子 QCD 数値計算の歴史が一段階を迎えたのであった．

[8] Budapest-Wuppertal 共同研究 [33] と HotQCD 共同研究 [34].

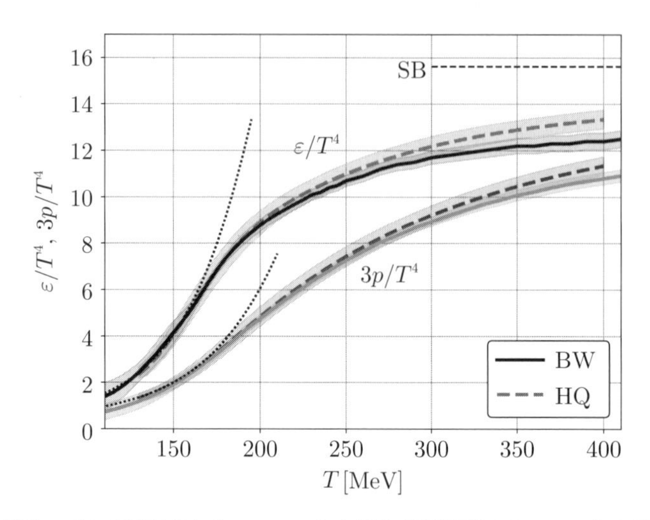

図 3.2　格子 QCD で計算された $\mu_B = 0$ における有限温度 QCD のエネルギー密度 ε と圧力の 3 倍 $3p$ の温度依存性．ただし，いずれも T^4 で割って無次元化している．BW (Budapest-Wuppertal) [33] および HQ (HotQCD) [34] 共同研究で得られた結果．HRG 模型の結果（点線）および Stefan-Boltzmann (SB) 極限の結果（破線）も示した．図の作成は筆者による（口絵 2 参照）．

図 3.2 は 2014 年に報告されたこれら 2 つの国際共同研究の結果である．バンドを伴った実線と点線は，BW (Budapest-Wuppertal) および HQ (HotQCD) 共同研究で得られた結果をそれぞれ示している．エネルギー密度 ε と圧力 p いずれも T^4 で割って無次元化してあることに注意しよう．圧力については，Stefan-Boltzmann 極限で成立する関係式 $\varepsilon = 3p$ を考慮して 3 倍してある．

まず，図 3.2 の低温部を見てみよう．低温部に示した点線はハドロン共鳴気体 (HRG) 模型で得られた熱力学量である．この点線を格子 QCD 数値計算の結果と比較すると，$T \lesssim 160$ MeV では両者がよく一致していることがわかる．次節でも見るように，ε と p のみならず他の熱力学量についても $T \lesssim 150$ MeV では格子 QCD の結果は HRG 模型とよく一致している．このことは $\mu_B = 0$ の場合には低温の QCD 物質がハドロン気体として振る舞っていることを強く示唆している．

QCD 物質の熱力学量がある温度まではハドロン気体として理解できるという結果は一見すると自然なものに見える．しかし，熱的に励起しているハドロンが少なく希薄気体描像が良く成立すると期待できる温度領域 ($T \ll m_\pi$) だけでなく，粒子密度が上がりハドロン間の相互作用が無視できなくなるはずの $T \simeq 150$ MeV という高温領域においても HRG 模型が格子 QCD の計算結果をよく再現することはむしろ不思議で，その理由の解明は今後の研究課題である.

温度 T をさらに上昇させると，格子 QCD 数値計算で得られた ε/T^4 は $T \simeq 160$ MeV 付近を境に温度上昇に伴う増大の仕方が緩やかになり，HRG 模型からのずれが顕著になる．図 3.2 には，高温極限の目安として式 (3.9) の Stefan-Boltzmann 極限を破線で示してある．ただし，図 3.2 の数値解析が 3 種類のフレーバー (u,d,s) のみを考慮していることに対応して $N_f = 3$ としている．図 3.2 からは，格子 QCD 数値計算の結果が高温でこの極限へと漸近していく様子が見て取れる．つまり，低温で妥当なハドロン気体描像が $T \simeq 150$ MeV で破綻し，物質状態がクォークとグルーオンからなる気体へと質的に変化することを示唆している．なお，図 3.2 の最高温度の $T = 400$ MeV でも Stefan-Boltzmann 極限からのずれは無視できないほど大きいが，より高温での数値計算結果によってこの極限への漸近が示されている.

図 3.2 でもう 1 つ興味深いのは，ε と p の両方が T の関数として連続的に変化しており，これら熱力学量やその微分が不連続に変化する点が存在しないことである．つまり，$\mu_\mathrm{B} = 0$ での QCD 物質の相転移は熱力学量の不連続な変化を伴わない**クロスオーバー転移**である．これを示したのが図 2.3 の相図である.

このように，$\mu_\mathrm{B} = 0$ の QCD 物質は水の沸点のような明確な相転移温度をもたない．しかし，低温状態と高温状態は全く異なる性質の物質なので，両状態を隔てる目安となる温度（「擬」臨界温度 T_c^* と呼ぼう）を定めておくことは説明上便利なだけでなく物理的にも意味がある．そのような T_c^* は，ε や p だけではなく，第 5 章でみるカイラル凝縮などの物理量や熱力学量のゆらぎなどに注目し，物質の性質が最も急激に変化する点として与えられるであろう．このように決められる擬臨界温度は，注目する物理量によって大きく異なっても不思議ではない．しかし驚くべきことに，最新の数値解析の結果によればどの量を採用しても擬臨界温度はおよそ $T_c^* \simeq 157$ MeV という概ね同じ値になることがわかっている．さらに興味深いことに，この温度は図 3.2 で見たハドロン共鳴気体模型が破綻する温度と概ね一致している.

それでは擬臨界温度 T_c^* 付近の物質はどのような状態なのだろうか？つまり，基本自由度の連続的な変化はどのように起こり，ハドロン相とクォーク・グルーオン相を連続的につなぐ過渡的物質の構造はどのようなものなのだろう？この興味深い問いへの確定した答えは未だ得られていない．1つのヒントになるのは，エネルギーゆらぎの解析から光の本性が粒子性と波動性の二重性をもつことを明らかにしたアインシュタインの研究である [9]．エネルギー密度や圧力のような系の平均的な物理量（熱力学量）ではなく，物理量のゆらぎを調べることにより基本自由度の組成やダイナミクスの微視的な情報が得られる．実際，「ゆらぎ」に注目する研究は次節の主題である有限密度系の研究では活発に行われている．しかしいずれにしろ，擬臨界温度 T_c^* 付近の物質の本性は未解明であり，本書の読者による将来の研究でこの問題が解決されることを期待したい．

3.3　有限バリオン数密度系の熱力学

3.3.1　有限バリオン数密度の格子 QCD 数値計算

ここまで，$\mu_\mathrm{B} = 0$ の QCD 物質の性質を格子 QCD 数値計算の結果を基礎にして議論してきた．$\mu_\mathrm{B} \neq 0$ の高バリオン数密度領域では，前章で議論したように，QCD 臨界点やそれに続く一次相転移，またカラー超伝導状態の実現といった興味深い物理現象の存在が期待される．ところが，$\mu_\mathrm{B} \neq 0$ の場合を格子 QCD 数値計算で調べようとすると困難が生じる．現在の格子 QCD 数値計算で広く使われるモンテカルロ法（重点サンプリング法）と呼ばれるアルゴリズムは $\mu_\mathrm{B} \neq 0$ では**符号問題**という原理的な問題によって破綻し，利用不可能なのである [37]．その困難を解決あるいは回避するための様々の研究が現在活発に行われ，急速な進展が見られている．たとえば，複素ランジュバン法やリフシェッツ・シンブル (Lifschez thimble) 法，あるいはテンソルネットワーク法などの新しい計算法の開発やその改良が進められている．しかしながら，これらの計算の実用性が $\mu_\mathrm{B} = 0$ でのモンテカルロ法に匹敵するレベルに達するにはさらなる研究の進展が必要であり，本書が執筆された段階では未だ信頼のお

---

[9] たとえば，参考文献 [35] の § 11，あるいは [36] の § 1.4 を参照のこと．

ける数値計算結果は得られていない.

高バリオン数密度の格子 QCD 数値計算は困難だが, $\mu_{\rm B}$ が比較的小さい領域については, $\mu_{\rm B}=0$ での格子 QCD 数値計算結果を使って系の熱力学的情報を取り出す方法がある. その方法は**テイラー展開法**と呼ばれ, $\mu_{\rm B}\neq 0$ を直接数値計算するかわりに, $\mu_{\rm B}=0$ で熱力学量の $\mu_{\rm B}$ に対する微分を測定し, テイラー展開によって $\mu_{\rm B}\neq 0$ への外挿を行う. たとえば温度 T, バリオン化学ポテンシャル $\mu_{\rm B}$ での圧力 $p(T,\mu_{\rm B})$ は,

$$p(T,\mu_{\rm B})=\sum_{n=0}^{\infty}\frac{\chi_n(T)}{n!}\left(\frac{\mu_{\rm B}}{T}\right)^n, \quad \chi_n(T)=\frac{\partial^n}{\partial(\mu_{\rm B}/T)^n}p(T,\mu_{\rm B})\Big|_{\mu_{\rm B}=0} \tag{3.13}$$

と $\mu_{\rm B}=0$ のまわりでテイラー展開できるが, ここで現れる係数 $\chi_n(T)$ は $\mu_{\rm B}=0$ でのモンテカルロ法で計算可能である. 式 (3.13) により, 少なくとも $\mu_{\rm B}$ が小さい領域での熱力学量は知ることができる. なお, QCD の荷電共役対称性[10] から $p(T,\mu_{\rm B})$ は $\mu_{\rm B}$ について偶関数なので n が奇数のとき $\chi_n(T)=0$ であり, 式 (3.13) の和は偶数次に限られる. $\chi_n(T)$ の数値計算は n が大きくなるほど困難になるが, 本書の執筆時点では $n=10$ の結果が得られつつある.

なお, テイラー展開法と $\mu_{\rm B}=0$ のモンテカルロ計算のみですべての $\mu_{\rm B}$ の熱力学的性質が導き出せるわけではないことに注意しておこう. テイラー展開式 (3.13) は展開式の係数で定まる収束半径をもち, その収束半径を超えた $\mu_{\rm B}$ 領域では式 (3.13) は収束しない. テイラー展開 (3.13) の収束半径を数値的に見積もることはできないが, 解析関数の収束半径は一般に切断（カット）や極などの特異点を超えて大きくなることはないので, QCD 相図上に一次相転移に伴う不連続性がある場合には収束半径は一次相転移の $\mu_{\rm B}$ に届かない. したがって, QCD 臨界点や一次相転移の有無をテイラー展開法で調べることは原理的に不可能である.

3.3.2 バリオン数感受率

式 (3.13) でテイラー展開の係数として導入した $\chi_n(T)$ は, 重要な物理的意味をもっている. たとえば 2 次の項 $\chi_2(T)$ は, 熱力学関係式 $\partial p/\partial\mu_{\rm B}=\rho_{\rm B}$ を使

[10] 粒子と反粒子を入れ替えても理論が不変である, という性質.

うと

$$\chi_2(T) = \frac{\partial^2}{\partial(\mu_\mathrm{B}/T)^2} p(T,\mu_\mathrm{B}) = T^2 \frac{\partial \rho_\mathrm{B}(T,\mu_\mathrm{B})}{\partial \mu_\mathrm{B}} \tag{3.14}$$

と書き直せる．これは，外場 μ_B の変化に対するバリオン数密度 ρ_B の変わりやすさを表しており，この意味で $\chi_2(T)$ を**バリオン数感受率**と呼ぶ．また，同様の量をクォーク数に対して定義した $T^2\partial\rho_q/\partial\mu_q$ を**クォーク数感受率**と呼ぶ．式(2.4) から，クォーク数感受率はバリオン数感受率の 1/9 である [11)]．

バリオン数感受率 $\chi_2(T)$ はさらに，ある体積 V 中に存在するバリオン数 N_B の熱的なゆらぎ $\langle(N_\mathrm{B}-\langle N_\mathrm{B}\rangle)^2\rangle$ と

$$\frac{\chi_2(T)}{T} = \frac{\langle(N_\mathrm{B}-\langle N_\mathrm{B}\rangle)^2\rangle}{V} \tag{3.15}$$

なる関係で結びついていることが容易に示せる [12)]．式 (3.15) は，熱的ゆらぎの大きさが感受率に比例することを示しており，このような関係式は一般に**揺動応答関係**と呼ばれる．同様に，高次の感受率 $\chi_n(T)$ は熱的ゆらぎの**非ガウス構造**を表す**キュムラント** (cumulant)[13)] と呼ばれる量に比例することが示せる．式 (3.15) の右辺に登場した熱的ゆらぎ $\langle(N_\mathrm{B}-\langle N_\mathrm{B}\rangle)^2\rangle$ やキュムラントは実験的観測量である．後述するように，非ガウスゆらぎは近年，高エネルギー重イオン衝突実験で QCD 相構造を探索するための有用な物理量として活発な実験的測定が進められている [40,41]．

---

11) バリオン数/クォーク数感受率は，文献 [38] で明らかにされているように，有限密度系 ($\mu_\mathrm{B}\neq 0$) では，系の膨張率/圧縮率に直接関係するとともにカイラル秩序変数との結合が引き起こされ興味深い振舞いを示す．さらに，近年の中性子星内部物質の研究ではベクトルチャンネルのクォーク間斥力 [15,38] が注目されているが [39]，クォーク数感受率はこの斥力の大きさの目安を与えることが指摘されている [38]．

12) 式 (3.15) の導出は，4.2 節 (p.47) の 45 ページの脚注に示した．

13) 任意の物理量 X の冪 X^n の統計熱平均 $\langle X^n\rangle$ を n 次のモーメントという．これに対して，

$$\langle \mathrm{e}^{aX}\rangle = \exp\left[\sum_{n=0}^{\infty}\frac{a^n}{n!}\langle X^n\rangle_c\right]$$

で定義される $\langle X^n\rangle_c$ を n 次のキュムラントと呼ぶ（「キュミュラント」と書いている文献もある）．具体的には，モーメントを使って，

$$\langle X\rangle_c = \langle X\rangle,\quad \langle X^2\rangle_c = \langle X^2\rangle - \langle X\rangle^2,\quad \langle X^3\rangle_c = \langle X^3\rangle - 3\langle X^2\rangle\langle X\rangle + \langle X^3\rangle,$$

などと書ける．キュムラントについては，たとえば文献 [40,42,43] を参照．

3.3.3 例：$\mu_{\mathrm{B}}=0$ での $\chi_2(T)$ および $\chi_4(T)$

ここでは簡単のために議論を $\mu_{\mathrm{B}}=0$ に限定し，明快な物理描像が得られる低温および高温の極限で $\chi_2(T)$ と $\chi_4(T)$ の計算を行い，格子 QCD の数値計算結果と比較してみよう．

まず，高温極限を考える．高温極限の物質をクォークとグルーオンからなる自由気体とみなすと，この系にクォーク化学ポテンシャル μ_q を印加したときの大分配関数の対数は

$$\ln Z = \ln Z_{\mathrm{q}} + \ln Z_{\mathrm{g}}, \tag{3.16}$$

$$\ln Z_{\mathrm{q}} = 6N_f V \int \frac{d^3p}{(2\pi)^3} \left(\ln\left[1+e^{-(E_p-\mu_q)/T}\right] + \ln\left[1+e^{-(E_p+\mu_q)/T}\right] \right), \tag{3.17}$$

$$\ln Z_{\mathrm{g}} = -18V \int \frac{d^3p}{(2\pi)^3} \ln\left[1-e^{-E_p/T}\right] \tag{3.18}$$

となる．Z_{q} と Z_{g} はクォークとグルーオンの寄与を表す．Z_{q} にはクォークと反クォークからの寄与があるが，クォークは正，反クォークは負のクォーク荷をもつことから μ_{q} の符号が逆になる．また，グルーオンはクォーク荷をもたないため，μ_{q} の影響を受けない．

式 (3.17) の積分は，粒子の質量が無視できるときは解析的に遂行でき，

$$p_{\mathrm{q}} = -\frac{T}{V}\ln Z_{\mathrm{q}} = 6N_f\left(\frac{7\pi^2}{360}T^4 + \frac{1}{12}T^2\mu_q^2 + \frac{1}{24\pi^2}\mu_q^4\right) \tag{3.19}$$

が得られる [14)]．この結果と，バリオンがクォーク 3 個からできていることから成立する関係式 (2.4) に注意すると，$\mu_{\mathrm{B}}=0$ では

$$\chi_2(T) = \frac{N_f}{9}T^4, \quad \chi_4(T) = \frac{2N_f}{27\pi^2}T^4 \tag{3.20}$$

が得られる．$n \geq 6$ に対しては $\chi_n(T)=0$ である．特に $\chi_4(T)$ と $\chi_2(T)$ の比をとると，

---

14) 式 (3.19) の導出にもぜひ挑戦してほしい．前章と同様に $\ln[1+e^{-(p-\mu_{\mathrm{q}})/T}]$ を展開してから積分すればよいのだが，$e^{-(p-\mu_{\mathrm{q}})/T} < 1$ のときは前と同様に展開すると発散級数になってしまうので，場合分けして別の展開を行う必要があることを注意しておく．

$$\frac{\chi_4(T)}{\chi_2(T)} = \frac{2}{3\pi^2} \simeq 0.0675 \tag{3.21}$$

となる．

次に，$T < T_c^*$ で有効なハドロン共鳴気体での $\chi_n(T)$ の振舞いを考察してみよう．ハドロン共鳴気体はバリオンと中間子から構成されるが，中間子はバリオン荷をもたないため，化学ポテンシャルの影響を受けない．バリオンはバリオン荷1を，反バリオンはバリオン荷 -1 をもつので，バリオン1自由度に対する圧力は

$$p = T \int \frac{d^3p}{(2\pi)^3} \left(\ln[1 + e^{-(E_p - \mu_B)/T}] + \ln[1 + e^{-(E_p + \mu_B)/T}] \right), \tag{3.22}$$

と書ける．バリオンの質量は，最も軽い核子で $m_N \simeq 939$ MeV なので，$T < T_c^*$ であれば $T \ll m$ とみなせ，さらに $|\mu_B|$ も十分小さければ，式 (3.22) は

$$p = T \int \frac{d^3p}{(2\pi)^3} \left(e^{-(E_p - \mu_B)/T} + e^{-(E_p + \mu_B)/T} \right), \tag{3.23}$$

と近似してよい．バリオンの密度が希薄なため，ボルツマン近似（古典近似）が成立するのである．式 (3.23) を μ_B/T で微分することで，すべての n について $\chi_{2n}(T) = p$ が成立することがわかるので，

$$\frac{\chi_4(T)}{\chi_2(T)} = 1 \tag{3.24}$$

が得られる．

このように，$\chi_n(T)$ の振舞いは自由クォーク気体とハドロン気体で全く異なっており，特に，無次元量 $\chi_4(T)/\chi_2(T)$ の値 (3.21)，(3.24) は物質状態に応じて大きく変化する．したがって，この比は物質状態の区別，特に，基本自由度の特性を明らかにするうえで有用な物理量であることがわかる [44]．

図3.3に，格子 QCD 数値計算で得られた $\chi_4(T)/\chi_2(T)$ の振舞いを示す [45]．この図から，$T \lesssim T_c^*$ では $\chi_4(T)/\chi_2(T) = 1$ が良く成立しているのに対し，この比は $T \simeq T_c^*$ で急激に減少し始め，温度の上昇に伴って式 (3.21) に向かうことがわかる．つまり，前節で ε と p を使って調べたのと同様に，$T < T_c^*$ でよく成立していたハドロン気体描像が $T \simeq T_c^*$ で急激に破綻し，物質状態がクォーク・

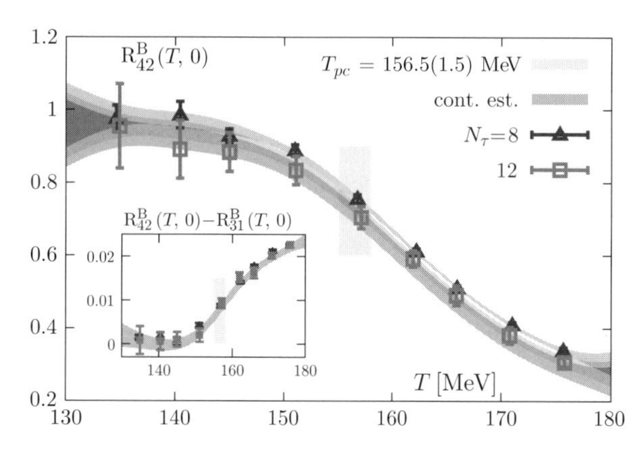

図 3.3 格子 QCD で計算された $\chi_4(T)/\chi_2(T)$ の温度依存性 [45]. データ点は有限格子間隔で得られた結果で, “cont. est.” と示された領域がこれらの結果を連続理論へと外挿したもの.

グルーオン系に至るという描像が $\chi_4(T)/\chi_2(T)$ でも確かめられたことになる.

3.3.4 QCD 臨界点とバリオン数感受率

ここまで, $\mu_B = 0$ に限定して n 次の感受率 χ_n の振舞いを議論してきたが, 感受率 χ_n は高密度物質中で特徴的な振舞いをすることが知られている. 特に, QCD 臨界点ではバリオン数ゆらぎ（およびそれに結合する物理量）が発散し, n が大きいほど χ_n の発散の指数が大きくなる [46]. また, $n \geq 3$ の χ_n は QCD 臨界点付近では特徴的な符号変化をすることが知られている [47]. これらの χ_n の振舞いは, 非ガウスゆらぎの測定によって高エネルギー重イオン衝突実験で観測できる可能性があり, 非ガウスゆらぎは QCD 臨界点探索のシグナルとして近年活発に実験的測定が行われている [40][15]. また, これらの議論は, バリオン数だけではなく, QCD の保存電荷である各フレーバーのクォーク数へと拡張することも可能である. 各フレーバーのクォーク数に対応する化学ポテンシャルを導入すると, これに伴って感受率 $\chi_n(T)$ も各化学ポテンシャルを組み合わせた偏微分へと一般化できるが, それらの実験的観測も進められている.

[15] 非ガウスゆらぎ観測に関する日本語の文献として, [41] を挙げておく.

第4章 フェルミ気体の統計力学と超伝導のBCS理論概説

前章では，温度の上昇とともに系の基本構成要素がハドロンからクォークとグルーオンへと変化することに焦点を当てながら，QCD 物質の熱力学的振舞いを概観した．しかし，QCD 物質が示す物性現象は単に自由度の変化にとどまらない．カイラル対称性の自発的破れとその回復を伴う QCD 真空の「相転移」という重要な現象も含んでおり，より広い枠組みでの理解が必要となる．これらは，素粒子階層において繰り広げられる物性物理学という新しい物理学分野の展開であり，そこでの著しい特徴は真空の変化と物質の物性の変化が相互に影響しあっている，ということである．本章以降ではこの「物性物理学」の内容を掘り下げていくことにする．

本章では，これらの議論の準備として，フェルミ多体系で実現する典型的な相転移現象である超伝導の物理，特にバーディーン・クーパー・シュリーファー (BCS) 理論の初等的な解説を行う．本章以降の議論で重要な役割を果たす「自発的対称性の破れ」の概念を提唱した南部陽一郎は，当時発表されたばかりだった BCS 理論を深く考察することにより，その本質が今日で言うゲージ対称性の自発的破れであることを喝破し，素粒子現象へと展開させた．このエピソードからもわかるように，BCS 理論は超伝導のみならず，自発的対称性の破れ一般の物理機構を学ぶうえでも重要で基本的な例題となっている．

本章では，4.1，4.2 節でフェルミ多体系の基礎を復習した後，4.3 節で BCS 理論を解説する．できるだけ初等的な解説にとどめ [1]，次章以降の主題であるカイラル対称性の自発的破れとの対応関係が見やすくなるように構成した．両者を比較しながら学習すれば双方のより深い理解に有益であろう．

---

[1] 必要に応じて文献 [48–51] などの参考文献を参照しながら読み進めていただきたい．

なお，本章以降では第二量子化の表示を使うので，この記法に不慣れな読者は必要に応じて文献 [50, 52] などの入門書にあたって知識の整理を行っていただきたい．

4.1 非相対論的自由粒子気体

まず，非相対論的フェルミ自由気体を復習しよう．粒子間相互作用がないとき，1 種類のフェルミ粒子（たとえば電子や中性子）からなる多体系を記述するハミルトニアンは

$$\hat{H}_0 = \sum_\sigma \int d\boldsymbol{x}\, \hat{\psi}^\dagger_\sigma(\boldsymbol{x}) \left(-\frac{\nabla^2}{2m}\right) \hat{\psi}_\sigma(\boldsymbol{x}) \tag{4.1}$$

である．ただし $\sigma = \uparrow, \downarrow$ はスピン自由度を表し，フェルミオン演算子 $\hat{\psi}_\sigma(\boldsymbol{x})$ は反交換関係

$$\{\hat{\psi}_\sigma(\boldsymbol{x}), \hat{\psi}^\dagger_\rho(\boldsymbol{y})\} = \delta_{\sigma\rho}\delta^{(3)}(\boldsymbol{x}-\boldsymbol{y}), \tag{4.2}$$

$$\{\hat{\psi}^\dagger_\sigma(\boldsymbol{x}), \hat{\psi}^\dagger_\rho(\boldsymbol{y})\} = \{\hat{\psi}_\sigma(\boldsymbol{x}), \hat{\psi}_\rho(\boldsymbol{y})\} = 0 \tag{4.3}$$

を満たす．

ハミルトニアン (4.1) で記述される多体系は，いったん一辺の長さが L，体積 $V = L^3$ の有限立方体中の系として扱い，最後に $L \to \infty$ の極限をとるという手続きをとると見通し良く記述できる．有限体積系ではハミルトニアンの固有値が離散化されているため，取り扱いが明快なためである．以下では境界条件として周期境界条件を課す．

式 (4.1) を対角化するため，直交関数系

$$\psi_{\boldsymbol{k}\sigma}(\boldsymbol{x}) = \frac{1}{\sqrt{V}} \mathrm{e}^{i\boldsymbol{k}\cdot\boldsymbol{x}} u_\sigma; \qquad u_\uparrow = \begin{pmatrix}1\\0\end{pmatrix}, \quad u_\downarrow = \begin{pmatrix}0\\1\end{pmatrix} \tag{4.4}$$

を導入しよう．ただし $\boldsymbol{k} = (k_x, k_y, k_z)$ の各成分は周期境界条件から

$$k_i = \frac{2\pi\, n_i}{L}, \quad n_i = 0, \pm 1, \pm 2, \ldots, \quad (i = x, y, z) \tag{4.5}$$

であり，$\hbar$ を復活させれば $\boldsymbol{p} = \hbar\boldsymbol{k}$ が運動量である．また，式 (4.4) は箱型規格化条件 $\int_V d\boldsymbol{x}\psi^*_{\boldsymbol{k}\sigma}(\boldsymbol{x})\psi_{\boldsymbol{k}'\sigma'}(\boldsymbol{x}) = \delta_{\boldsymbol{k}\boldsymbol{k}'}\delta_{\sigma\sigma'}$ で規格化してあり，u_σ はスピン自由度を表す．

式 (4.4) を使い，場 $\hat{\psi}_\sigma(\boldsymbol{x})$ を

$$\hat{\psi}_\sigma(\boldsymbol{x}) = \sum_{\boldsymbol{k}} \psi_{\boldsymbol{k}\sigma}(\boldsymbol{x})\hat{c}_{\boldsymbol{k}\sigma}, \quad \hat{\psi}^\dagger_\sigma(\boldsymbol{x}) = \sum_{\boldsymbol{k}} \psi^*_{\boldsymbol{k}\sigma}(\boldsymbol{x})\hat{c}^\dagger_{\boldsymbol{k}\sigma} \tag{4.6}$$

と展開したものを式 (4.1) に代入すると

$$\hat{H}_0 = \sum_{\boldsymbol{k}\sigma} \varepsilon_k \hat{c}^\dagger_{\boldsymbol{k}\sigma}\hat{c}_{\boldsymbol{k}\sigma}, \quad \varepsilon_k = \frac{\boldsymbol{k}^2}{2m} \tag{4.7}$$

とハミルトニアンを書き直せる．ただし，ここで現れる展開係数 $\hat{c}_{\boldsymbol{k}\sigma}$，$\hat{c}^\dagger_{\boldsymbol{k}\sigma}$ は演算子で，

$$\{\hat{c}_{\boldsymbol{k}\sigma}, \hat{c}^\dagger_{\boldsymbol{k}'\sigma'}\} = \delta_{\boldsymbol{k}\boldsymbol{k}'}\delta_{\sigma\sigma'}, \quad \{\hat{c}_{\boldsymbol{k}\sigma}, \hat{c}_{\boldsymbol{k}'\sigma'}\} = \{\hat{c}^\dagger_{\boldsymbol{k}\sigma}, \hat{c}^\dagger_{\boldsymbol{k}'\sigma'}\} = 0 \tag{4.8}$$

なる反交換関係を満たすことが式 (4.2)，(4.3) と (4.6) から示せる．これらの反交換関係と式 (4.7) から，$\hat{c}^\dagger_{\boldsymbol{k}\sigma}$，$\hat{c}_{\boldsymbol{k}\sigma}$ は，それぞれ波数 $\boldsymbol{k}$，スピン σ の粒子の生成消滅演算子であることがわかる．式 (4.8) から $\hat{c}_{\boldsymbol{k}\sigma}\hat{c}_{\boldsymbol{k}\sigma} = \hat{c}^\dagger_{\boldsymbol{k}\sigma}\hat{c}^\dagger_{\boldsymbol{k}\sigma} = 0$ であり，フェルミオン粒子はある波数 $\boldsymbol{k}$，スピン σ の粒子を 2 つ生成することができないという，いわゆる**パウリ原理**が導かれる．

この系の粒子数演算子は，

$$\hat{N} = \sum_\sigma \int d\boldsymbol{x}\, \hat{\psi}^\dagger_\sigma(\boldsymbol{x})\hat{\psi}_\sigma(\boldsymbol{x}) = \sum_{\boldsymbol{k},\sigma} \hat{c}^\dagger_{\boldsymbol{k},\sigma}\hat{c}_{\boldsymbol{k},\sigma} \tag{4.9}$$

である．反交換関係 (4.8) を使うと $[\hat{N}, \hat{H}] = 0$ が示せるので，ハイゼンベルク方程式 $d\hat{N}/dt = -i[\hat{N}, \hat{H}] = 0$ により，式 (4.1) が系の保存量であることがわかる．容易に確かめられるように，ハミルトニアン (4.1) は場の**位相変換**

$$\psi_\sigma(\boldsymbol{x}) \to e^{i\theta}\psi_\sigma(\boldsymbol{x}), \qquad \psi^\dagger_\sigma(\boldsymbol{x}) \to e^{-i\theta}\psi^\dagger_\sigma(\boldsymbol{x}) \tag{4.10}$$

に対して不変である．式 (4.10) の位相変換は 1 次元ユニタリー群（U(1) 群と呼

ぶ）を作るので，この変換は U(1) 変換と呼ばれる．また，式 (4.1) が U(1) 変換のもとで不変であることを，このハミルトニアンで記述される理論が U(1) 対称性をもつという．理論がこのような連続対称性をもつと，それに付随して保存電荷が出現する [2)]．式 (4.9) は U(1) 変換に付随した保存電荷である．

次に，全粒子数の期待値 $N = \langle \hat{N} \rangle$ を固定した場合に系のエネルギーを最低にする状態を調べよう．いま，波数 $\boldsymbol{k}$，スピン σ で指定されるモードのエネルギーは式 (4.7) から ε_k なので，最低エネルギー状態を作るにはなるべく ε_k の小さなモードに粒子を詰めればよい．一方，パウリ原理から 1 つのモードには最大で 1 つの粒子しか入ることができないので，結局低エネルギーの状態から粒子を順番に 1 つずつ詰めていった状態が最低エネルギー状態となる．このため，占有された最大波数を k_F とすると，最低エネルギー状態 $|\Phi_0\rangle$ は，

$$|\Phi_0\rangle = \prod_{|\boldsymbol{k}|<k_F,\sigma} \hat{c}^\dagger_{\boldsymbol{k}\sigma}|0\rangle \tag{4.11}$$

と書ける．ここに，$|0\rangle$ は粒子が 1 つもない真空状態であり，すべての $\boldsymbol{k}$，σ に対して $c_{\boldsymbol{k}\sigma}|0\rangle = 0$ を満たす状態として定義される．k_F をフェルミ運動量，$\varepsilon_F \equiv k_F^2/2m$ をフェルミエネルギーという．運動量空間で見れば半径 k_F の球の内部が粒子によって占拠されているが，この球をフェルミ球，その表面をフェルミ面と呼ぶ．

状態 (4.11) の粒子数 N と全エネルギー E は，各波数に対しスピン自由度があることを考慮して

$$N = \langle \Phi_0|\hat{N}|\Phi_0\rangle = 2\sum_{|\boldsymbol{k}|<k_F} 1, \qquad E = \langle \Phi_0|\hat{H}_0|\Phi_0\rangle = 2\sum_{|\boldsymbol{k}|<k_F} \varepsilon_k \tag{4.12}$$

である．式 (4.12) に現れる $\boldsymbol{k}$ に関する和は，体積 $V = L^3 \to \infty$ の極限をとることで積分に置き換えられる．式 (4.5) から，i 方向の波数が $(k_i, k_i + dk_i)$ の範囲にある状態の数 dn がこの極限で $dn = dn_x dn_y dn_z = V/(2\pi)^3 d\boldsymbol{k}$ であることに注意すると，

2) これはラグランジアン形式においてネーターの定理として知られている事実に対応している．そのときは，保存カレント $j^\mu(x)$ $(\partial_\mu j^\mu(x) = 0)$ が存在し，その第ゼロ成分 $j^0(x)$ の空間積分 $\int d\boldsymbol{x} j^0(x) \equiv Q$ が保存電荷となる．たとえば文献 [11] などを参照．

$$\sum_{\boldsymbol{k}} \to \frac{V}{(2\pi)^3}\int d\boldsymbol{k} \tag{4.13}$$

と置き換えればよいことがわかる．式 (4.12) の和をこの規則に従って置き換えると，エネルギー密度 $\varepsilon = E/V$ および粒子数密度 $\rho = N/V$ について以下の表式が得られる：

$$\varepsilon = \int_{|\boldsymbol{k}|<k_F} \frac{d\boldsymbol{k}}{(2\pi)^3}\frac{k^2}{2m} = \frac{k_F^5}{20m\pi^2}, \qquad \rho = \frac{k_F^3}{3\pi^2}. \tag{4.14}$$

4.2 有限温度への拡張

次に，自由フェルミ粒子系 $\hat{H}_0$ が温度 T，化学ポテンシャル μ のグランドカノニカル分布にある場合を整理しておこう．この場合，系の熱力学量は大分配関数 [19,42]

$$Z = \mathrm{Tr}e^{-\beta\hat{K}_0}, \qquad \hat{K}_0 = \hat{H}_0 - \mu\hat{N} \tag{4.15}$$

から式 (3.2) などを使って計算できるので，まずは大分配関数を求めよう．ただし $\beta = 1/T$ は逆温度で，Tr は量子状態空間全体に対するトレースである．$\hat{K}_0$ は

$$\hat{K}_0 = \sum_{\boldsymbol{k}\sigma}\hat{K}_{\boldsymbol{k}\sigma}, \qquad \hat{K}_{\boldsymbol{k}\sigma} = (\varepsilon_k - \mu)\hat{c}^\dagger_{\boldsymbol{k}\sigma}\hat{c}_{\boldsymbol{k}\sigma} \tag{4.16}$$

と異なる $\boldsymbol{k}$，σ のモードの寄与に分解できる．反交換関係 (4.8) から各モードどうしは完全に独立なので，大分配関数 (4.15) は

$$Z = \prod_{\boldsymbol{k},\sigma} Z_{\boldsymbol{k}\sigma}, \qquad Z_{\boldsymbol{k}\sigma} = \mathrm{tr}e^{-\beta\hat{K}_{\boldsymbol{k}\sigma}} \tag{4.17}$$

と，各モードの大分配関数 $Z_{\boldsymbol{k}\sigma}$ の積に書ける．ただしここで tr は $\hat{K}_{\boldsymbol{k}\sigma}$ が張る状態空間に対するトレースであり，$\hat{K}_{\boldsymbol{k}\sigma}$ の固有状態が $\hat{c}_{\boldsymbol{k}\sigma}|0\rangle_{\boldsymbol{k}\sigma} = 0$ を満たす状態 $|0\rangle_{\boldsymbol{k}\sigma}$ と，$|1\rangle_{\boldsymbol{k}\sigma} = \hat{c}^\dagger_{\boldsymbol{k}\sigma}|0\rangle_{\boldsymbol{k}\sigma}$ の 2 つしかないことを使うと

$$Z_{\boldsymbol{k}\sigma} = \langle 0|e^{-\beta \hat{K}_{\boldsymbol{k}\sigma}}|0\rangle_{\boldsymbol{k}\sigma} + \langle 1|e^{-\beta \hat{K}_{\boldsymbol{k}\sigma}}|1\rangle_{\boldsymbol{k}\sigma} = 1 + e^{-\beta(\varepsilon_k - \mu)} \tag{4.18}$$

と容易に計算できる．これを式 (4.17) に代入することで，大分配関数の表式

$$Z = \prod_{\boldsymbol{k},\sigma}(1 + e^{-\beta(\varepsilon_k - \mu)}) = \prod_{\boldsymbol{k}}(1 + e^{-\beta(\varepsilon_k - \mu)})^2 \tag{4.19}$$

が得られる．

式 (4.19) を使うと，熱力学ポテンシャルは，

$$\begin{aligned}\Omega &= -T \ln Z \\ &= -T \ln \prod_{\boldsymbol{k}}(1 + e^{-\beta(\varepsilon_{\boldsymbol{k}} - \mu)})^2 = -2T \sum_{\boldsymbol{k}} \ln(1 + e^{-\beta(\varepsilon_{\boldsymbol{k}} - \mu)}).\end{aligned} \tag{4.20}$$

と計算できる．$V \to \infty$ の極限をとると，圧力 p は

$$p = -\frac{\Omega}{V} = 2T \int \frac{d^3k}{(2\pi)^3} \ln(1 + e^{-\beta(\varepsilon_k - \mu)}) \tag{4.21}$$

となり，式 (3.1) のフェルミ粒子の場合をスピン自由度分の 2 倍した結果が得られる．

演算子 $\hat{O}$ で記述される物理量の統計熱平均（期待値）は，統計演算子（密度行列）

$$\hat{\rho} = \frac{1}{Z} e^{-\beta \hat{K}_0} \tag{4.22}$$

を使って

$$\langle \hat{O} \rangle = \mathrm{Tr}[\hat{O}\hat{\rho}] \tag{4.23}$$

と書ける．粒子数期待値 $\langle \hat{N} \rangle$ を計算するには，式 (4.23) の $\hat{O}$ に $\hat{N}$ を代入して直接計算してもよいし，式 (4.15) と (4.23) から容易に導かれる

$$\langle \hat{N} \rangle = T \frac{\partial}{\partial \mu} \ln Z \tag{4.24}$$

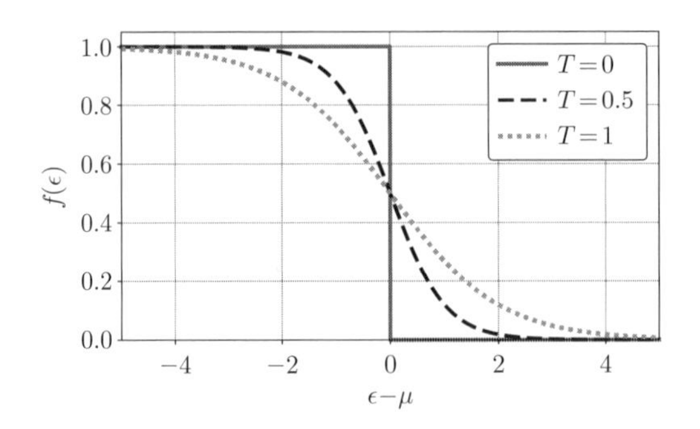

図 4.1　フェルミ分布関数 (4.27). ただし横軸と温度 T は任意次元.

を使って，式 (4.20) の $\ln Z$ から計算してもよい [3]. いずれにしても粒子数密度 ρ は

$$\rho = \frac{\langle \hat{N} \rangle}{V} = \frac{2}{V}\sum_{\boldsymbol{k}} \frac{1}{e^{\beta(\varepsilon_k-\mu)}+1} = \frac{2}{V}\sum_{\boldsymbol{k}} f(\varepsilon_k) \tag{4.26}$$

となる. ただし，フェルミ分布関数

$$f(\varepsilon) = \frac{1}{e^{(\varepsilon-\mu)/T}+1} \tag{4.27}$$

を導入した. フェルミ分布関数は，図 4.1 に示すように $T=0$ では階段関数 $f(\varepsilon) = \theta(\mu-\varepsilon)$ であり，温度の上昇とともになめらかになっていく.

エネルギー密度についても同様に

$$\varepsilon = \frac{\langle \hat{H} \rangle}{V} = \frac{1}{Z}\mathrm{Tr}[\hat{H}e^{-\beta(\hat{H}-\mu\hat{N})}] = -\frac{\partial}{\partial\beta}\ln Z - \mu\langle \hat{N} \rangle \tag{4.28}$$

を使って計算を行うと

---

[3] 参考までに，式 (4.24) の両辺をさらに μ で微分すると，

$$\frac{\partial\langle \hat{N} \rangle}{\partial\mu} = T\Big(\frac{1}{Z}\frac{\partial^2 Z}{\partial\mu^2} - \frac{1}{Z^2}\Big(\frac{\partial Z}{\partial\mu}\Big)^2\Big) = \frac{\langle N^2\rangle - \langle N\rangle^2}{T} = \frac{\langle (N-\langle N\rangle)^2}{T} \tag{4.25}$$

が得られ，両辺に T^2/V を掛けることで式 (3.15) が導出できる. また，同様な関係式はさらに高階微分にも容易に拡張可能である [40].

$$\varepsilon = \frac{2}{V}\sum_{\boldsymbol{k}} \varepsilon_k\, f(\varepsilon_k) \tag{4.29}$$

が得られる．$V \to \infty$ の極限をとって式 (4.13) により運動量の和を積分に置き換えると

$$n = 2\int \frac{d^3k}{(2\pi)^3} f(\varepsilon_k), \quad \varepsilon = 2\int \frac{d^3k}{(2\pi)^3} \varepsilon_k f(\varepsilon_k), \tag{4.30}$$

が得られる．$T = 0$ の場合にはフェルミ運動量 k_F を $k_F^2/2m = \mu$ とおくことで前節の結果 (4.14) が得られる．また，式 (4.30) の ε はスピン自由度を除き，式 (3.3) のフェルミオンの場合に等しい．

4.3 BCS 理論

次に，フェルミ気体に弱い引力相互作用がはたらく場合を考察してみよう．フェルミ面付近の粒子に引力相互作用がはたらく場合，系を冷却していくと物質状態が超伝導状態へと相転移することが知られている [48–51]．金属などの電子系では，フォノン交換を媒介とした電子間の引力相互作用が生じ，物質によってはこの引力がクーロン斥力に打ち勝ってフェルミ面付近の電子間相互作用が全体で引力となる場合がある．多くの金属超伝導はこの引力相互作用によって実現する．また，中性子星の内部には一様な中性子物質が存在する領域がある [4]．中性子はフェルミ粒子であり，中性子間の相互作用は低エネルギーで引力であるため，中性子星の表面付近では中性子の超流動状態 [5] が実現していると考えられている．

引力相互作用が弱い場合の超伝導状態は，バーディーン・クーパー・シュリーファーによって 1957 年に提唱された BCS 理論 [12] によって極めて良く記述できることが知られている [48–51]．この節では BCS 理論の解説を行い，後の章

4) 中性子星は表面から内部にいくに従って密度が増大し，物質の組成，構造が大きく変化すると予想される．詳しくは，文献 [53] あるいは [3] の第 4 章を参照．ただし，後者には超流動への言及はない

5) 超伝導と超流動は類似の機構で実現する状態だが，フェルミ粒子が電荷をもつ場合を超伝導，電荷中性である場合を超流動と呼ぶ．

の準備とする．ただし，以下では簡単のために電磁場の効果を取り入れないので，実質上電荷中性フェルミ粒子系の超流動状態の BCS 理論である [6)]．

4.3.1　自己無撞着平均場近似

4.1 および 4.2 節で論じた $\hat{H}_0$ に以下のような相互作用項 $\hat{V}$ を付加したハミルトニアンから出発しよう：

$$\hat{H} = \hat{H}_0 + \hat{V}, \qquad \hat{V} = -g \sum_{\boldsymbol{k},\boldsymbol{k}'} \hat{c}^\dagger_{\boldsymbol{k}\uparrow} \hat{c}^\dagger_{-\boldsymbol{k}\downarrow} \hat{c}_{-\boldsymbol{k}'\downarrow} \hat{c}_{\boldsymbol{k}'\uparrow}. \tag{4.31}$$

相互作用項 $\hat{V}$ は，運動量が $\boldsymbol{k}'$ と $-\boldsymbol{k}'$ のスピンアップとダウンの粒子を消滅させ，別の運動量 $\boldsymbol{k}$ と $-\boldsymbol{k}$ に散乱させる相互作用を表し，$g > 0$ のとき引力相互作用である．式 (4.31) は BCS 理論を説明する最も簡略なハミルトニアンであり，以下では BCS ハミルトニアンと呼ぶ [48–51]．

BCS ハミルトニアンは，U(1) 変換 (4.10) のもとで不変である．実際，式 (4.6) により，変換 (4.10) は $\hat{c}^\dagger_{\boldsymbol{k}\sigma}$，$\hat{c}_{\boldsymbol{k}\sigma}$ の変換

$$\hat{c}^\dagger_{\boldsymbol{k}\sigma} \to e^{i\phi/2} \hat{c}^\dagger_{\boldsymbol{k}\sigma}, \quad \hat{c}_{\boldsymbol{k}\sigma} \to e^{-i\phi/2} \hat{c}_{\boldsymbol{k}\sigma} \tag{4.32}$$

に等価である．ただし後の便利のために位相 $\phi = 2\theta$ を導入した．この変換に対してハミルトニアン (4.31) が不変なことは容易に確かめられる．したがって，BCS 理論は U(1) 対称性をもっており，式 (4.9) で定義される粒子数演算子 $\hat{N}$ はこの対称性に伴う保存電荷である [7)]．

以下，しばらくは $T = 0$ の場合を議論しよう．BCS 理論によれば，フェルミ面付近の電子のうち，運動量とスピンが互いに逆向きのものがクーパー

---

6) 後述のように，BCS 理論は平均場理論であり，場のゆらぎの効果は無視される．金属の第一種超伝導体でにおいては，磁場のゆらぎを考慮に入れると相転移が BCS 理論で与えるような二次相転移ではなく，ごく弱い一次相転移になることが理論的に示されている [54]．超伝導体の振舞いは，臨界点にごく近い領域を除いて BCS 理論によりよく記述される．

7) このように，空間や時間を伴わない変換に対してハミルトニアンが不変であるとき，その不変性を「内部対称性」と呼ぶ．内部対称性は「隠れた対称性」あるいは「ダイナミカルな対称性」とも呼ばれる．たとえば，文献 [55] の第 8 章参照．実は古典力学においても，ケプラー運動のハミルトニアンや 2 次元等方調和振動子はそれぞれ 4 次直交群 O(4) および U(2) 群に対する隠れた対称性を有している [56]．

対と呼ばれるモードを形成することが超伝導状態実現の種となる [48–51]. これに伴い，超伝導状態 $|S\rangle$ では，演算子の組合せ $\hat{c}^\dagger_{\boldsymbol{k}\uparrow}\hat{c}^\dagger_{-\boldsymbol{k}\downarrow}$ がゼロでない期待値 $\langle\hat{c}^\dagger_{\boldsymbol{k}\uparrow}\hat{c}^\dagger_{-\boldsymbol{k}\downarrow}\rangle = \langle S|\hat{c}^\dagger_{\boldsymbol{k}\uparrow}\hat{c}^\dagger_{-\boldsymbol{k}\downarrow}|S\rangle$ をもつ．そこで，この期待値の存在を仮定し，さらに $\hat{c}^\dagger_{\boldsymbol{k}\uparrow}\hat{c}^\dagger_{-\boldsymbol{k}\downarrow}$ のゆらぎが小さいとしてみよう．つまり，この演算子を $\hat{c}^\dagger_{\boldsymbol{k}\uparrow}\hat{c}^\dagger_{-\boldsymbol{k}\downarrow} = \langle\hat{c}^\dagger_{\boldsymbol{k}\uparrow}\hat{c}^\dagger_{-\boldsymbol{k}\downarrow}\rangle + \delta(\hat{c}^\dagger_{\boldsymbol{k}\uparrow}\hat{c}^\dagger_{-\boldsymbol{k}\downarrow})$ と，期待値と期待値周辺のゆらぎに分離したとき，$\delta(c^\dagger_{\boldsymbol{k}\uparrow}c^\dagger_{-\boldsymbol{k}\downarrow})$ の空間・時間的な変動の大きさが $|\langle\hat{c}^\dagger_{\boldsymbol{k}\uparrow}\hat{c}^\dagger_{-\boldsymbol{k}\downarrow}\rangle|$ と比べて十分小さいとする．すると，$\hat{V}$ 中の演算子は $\delta(c^\dagger_{\boldsymbol{k}\uparrow}c^\dagger_{-\boldsymbol{k}\downarrow})$ の二次を無視することで

$$
\begin{aligned}
\hat{c}^\dagger_{\boldsymbol{k}\uparrow}\hat{c}^\dagger_{-\boldsymbol{k}\downarrow}\hat{c}_{-\boldsymbol{k}'\downarrow}\hat{c}_{\boldsymbol{k}'\uparrow} \simeq& \langle\hat{c}^\dagger_{\boldsymbol{k}\uparrow}\hat{c}^\dagger_{-\boldsymbol{k}\downarrow}\rangle\hat{c}_{-\boldsymbol{k}'\downarrow}\hat{c}_{\boldsymbol{k}'\uparrow} + \hat{c}^\dagger_{\boldsymbol{k}\uparrow}\hat{c}^\dagger_{-\boldsymbol{k}\downarrow}\langle\hat{c}_{-\boldsymbol{k}'\downarrow}\hat{c}_{\boldsymbol{k}'\uparrow}\rangle \\
&- \langle\hat{c}^\dagger_{\boldsymbol{k}\uparrow}\hat{c}^\dagger_{-\boldsymbol{k}\downarrow}\rangle\langle\hat{c}_{-\boldsymbol{k}'\downarrow}\hat{c}_{\boldsymbol{k}'\uparrow}\rangle
\end{aligned}
\tag{4.33}
$$

と近似できる．以下では，式 (4.33) の近似を**平均場近似**と呼ぼう．なお，$\hat{c}^\dagger_{\boldsymbol{k}\uparrow}\hat{c}^\dagger_{-\boldsymbol{k}\downarrow}$ はエルミート演算子でないため，期待値 $\langle\hat{c}^\dagger_{\boldsymbol{k}\uparrow}\hat{c}^\dagger_{-\boldsymbol{k}\downarrow}\rangle$ は一般に複素数である．

期待値 $\langle\hat{c}^\dagger_{\boldsymbol{k}\uparrow}\hat{c}^\dagger_{-\boldsymbol{k}\downarrow}\rangle$ の値は後に 4.3.2 項で具体的に決めるが，ここではいったん，ともかく $\langle\hat{c}^\dagger_{\boldsymbol{k}\uparrow}\hat{c}^\dagger_{-\boldsymbol{k}\downarrow}\rangle \neq 0$ を仮定して議論を進めることにする．

BCS ハミルトニアン (4.31) に対して平均場近似を行うと，4.2 節で導入した $\hat{K} = \hat{H} - \mu\hat{N}$ は

$$
\begin{aligned}
\hat{K}_{\mathrm{MF}} &= \sum_{\boldsymbol{k}}\left[\sum_{\sigma}(\varepsilon_k - \mu)\hat{c}^\dagger_{\boldsymbol{k}\sigma}\hat{c}_{\boldsymbol{k}\sigma} - \Delta\hat{c}^\dagger_{\boldsymbol{k}\uparrow}\hat{c}^\dagger_{-\boldsymbol{k}\downarrow} - \Delta^*\hat{c}_{-\boldsymbol{k}\downarrow}\hat{c}_{\boldsymbol{k}\uparrow}\right] + \frac{|\Delta|^2}{g} \\
&= \sum_{\boldsymbol{k}}\left[\xi_k(\hat{c}^\dagger_{\boldsymbol{k}\uparrow}\hat{c}_{\boldsymbol{k}\uparrow} + 1 - \hat{c}_{-\boldsymbol{k}\downarrow}\hat{c}^\dagger_{-\boldsymbol{k}\downarrow}) - \Delta\hat{c}^\dagger_{\boldsymbol{k}\uparrow}\hat{c}^\dagger_{-\boldsymbol{k}\downarrow} - \Delta^*\hat{c}_{-\boldsymbol{k}\downarrow}\hat{c}_{\boldsymbol{k}\uparrow}\right] + \frac{|\Delta|^2}{g} \\
&= \sum_{\boldsymbol{k}}\begin{pmatrix}\hat{c}^\dagger_{\boldsymbol{k}\uparrow} & \hat{c}_{-\boldsymbol{k}\downarrow}\end{pmatrix}\begin{pmatrix}\xi_k & -\Delta \\ -\Delta^* & -\xi_k\end{pmatrix}\begin{pmatrix}\hat{c}_{\boldsymbol{k}\uparrow} \\ \hat{c}^\dagger_{-\boldsymbol{k}\downarrow}\end{pmatrix} + \sum_{\boldsymbol{k}}\xi_k + \frac{|\Delta|^2}{g}
\end{aligned}
\tag{4.34}
$$

となる．ただし，1 行目で

$$
\Delta = g\sum_{\boldsymbol{k}}\langle\hat{c}_{-\boldsymbol{k}\downarrow}\hat{c}_{\boldsymbol{k}\uparrow}\rangle \tag{4.35}
$$

を導入した．式 (4.35) は，後に明らかになる理由により，**エネルギーギャップ**（単に**ギャップ**と呼ぶこともある）と呼ばれる重要な量である．また 2 行目で導入した $\xi_k = \varepsilon_k - \mu$ はフェルミエネルギーを基準とした励起エネルギーであり，

ξ_k を含む項はスピンに関する和を分離したうえで，ダウンスピン項については反交換関係 $\hat{c}^\dagger_{-\boldsymbol{k}\downarrow}\hat{c}_{-\boldsymbol{k}\downarrow} = 1 - \hat{c}_{-\boldsymbol{k}\downarrow}\hat{c}^\dagger_{-\boldsymbol{k}\downarrow}$ を使って書き直してある．さらに最終行では，$K_{\rm MF}$ が生成消滅演算子について二次形式であることを用いて 2 成分行列表示に書き直した．ここで登場する，$(\hat{c}^\dagger_{\boldsymbol{k}\uparrow}, \hat{c}_{-\boldsymbol{k}\downarrow})$ のような生成演算子と消滅演算子の組のベクトルを**南部—ゴリコフスピノル** [48–51] と呼ぶ．

式 (4.34) の最終行に現れた行列はエルミート行列であり，ユニタリ行列 U_k を使い

$$U_k \begin{pmatrix} \xi_k & -\Delta \\ -\Delta^* & -\xi_k \end{pmatrix} U_k^\dagger = \begin{pmatrix} E_k & 0 \\ 0 & -E_k \end{pmatrix}, \quad E_k = \sqrt{\xi_k^2 + |\Delta|^2} \tag{4.36}$$

と対角化できる．ここで Δ は一般に複素数なので，実位相 ϕ を使って

$$\Delta = |\Delta| e^{i\phi}$$

と書ける．この位相 ϕ は，式 (4.32) の U(1) 変換の位相に対応するものである．このとき，U_k は実数 u_k，v_k を用いて

$$U_k = \begin{pmatrix} u_k & -v_k e^{i\phi} \\ v_k e^{-i\phi} & u_k \end{pmatrix}, \quad u_k^2 + v_k^2 = 1 \tag{4.37}$$

と表すことができる．式 (4.36) が満たされるよう少し計算すると，

$$2u_k v_k \xi_k = (u_k^2 - v_k^2)|\Delta|, \tag{4.38}$$

$$u_k^2 = \frac{1}{2}\left(1 + \frac{\xi_k}{E_k}\right), \qquad v_k^2 = \frac{1}{2}\left(1 - \frac{\xi_k}{E_k}\right) \tag{4.39}$$

を得る．

さらに，演算子 $\hat{\eta}_{\boldsymbol{k}}$，$\hat{\zeta}_{\boldsymbol{k}}$ を

$$\hat{\eta}_{\boldsymbol{k}} = u_k \hat{c}_{\boldsymbol{k}\uparrow} - v_k \mathrm{e}^{i\phi} \hat{c}^\dagger_{-\boldsymbol{k}\downarrow}, \quad \hat{\zeta}^\dagger_{-\boldsymbol{k}} = v_k \mathrm{e}^{-i\phi} \hat{c}_{\boldsymbol{k}\uparrow} + u_k \hat{c}^\dagger_{-\boldsymbol{k}\downarrow} \tag{4.40}$$

と定義する [8]．この生成 $\hat{c}^\dagger_{\boldsymbol{k}\sigma}$ および消滅演算子 $\hat{c}_{\boldsymbol{k}\sigma}$ の線形結合で与えられる変

[8] 式 (4.37) で定義されている行列 U_k を用いると，簡潔に，

$$\begin{pmatrix} \hat{\eta}_{\boldsymbol{k}} \\ \hat{\zeta}^\dagger_{-\boldsymbol{k}} \end{pmatrix} = U_k \begin{pmatrix} \hat{c}_{\boldsymbol{k}\uparrow} \\ \hat{c}^\dagger_{-\boldsymbol{k}\downarrow} \end{pmatrix}, \quad \begin{pmatrix} \hat{c}_{\boldsymbol{k}\uparrow} \\ \hat{c}^\dagger_{-\boldsymbol{k}\downarrow} \end{pmatrix} = U_k^\dagger \begin{pmatrix} \hat{\eta}_{\boldsymbol{k}} \\ \hat{\zeta}^\dagger_{-\boldsymbol{k}} \end{pmatrix}. \tag{4.41}$$

換は**ボゴリューボフ—バラティン変換**と呼ばれる．これらの演算子はもとの生成消滅演算子と同じ反交換関係

$$\{\hat{\eta}_{\boldsymbol{k}}, \hat{\eta}^{\dagger}_{\boldsymbol{k}'}\} = \delta_{\boldsymbol{k}\boldsymbol{k}'}, \quad \{\hat{\zeta}_{\boldsymbol{k}}, \hat{\zeta}^{\dagger}_{\boldsymbol{k}'}\} = \delta_{\boldsymbol{k}\boldsymbol{k}'}, \quad \{\hat{\eta}_{\boldsymbol{k}}, \hat{\eta}_{\boldsymbol{k}'}\} = \{\hat{\zeta}_{\boldsymbol{k}}, \hat{\zeta}_{\boldsymbol{k}'}\} = 0 \tag{4.42}$$

などを満たし，式 (4.34) は

$$\begin{aligned}
\hat{K}_{\mathrm{MF}} &= \sum_{\boldsymbol{k}} \begin{pmatrix} \hat{\eta}^{\dagger}_{\boldsymbol{k}} & \hat{\zeta}_{-\boldsymbol{k}} \end{pmatrix} \begin{pmatrix} E_k & 0 \\ 0 & -E_k \end{pmatrix} \begin{pmatrix} \hat{\eta}_{\boldsymbol{k}} \\ \hat{\zeta}^{\dagger}_{-\boldsymbol{k}} \end{pmatrix} + \sum_{\boldsymbol{k}} \xi_k + \frac{|\Delta|^2}{g} \\
&= \sum_{\boldsymbol{k}} E_k (\hat{\eta}^{\dagger}_{\boldsymbol{k}} \hat{\eta}_{\boldsymbol{k}} - \hat{\zeta}_{\boldsymbol{k}} \hat{\zeta}^{\dagger}_{\boldsymbol{k}}) + \sum_{\boldsymbol{k}} \xi_k + \frac{|\Delta|^2}{g} \\
&= \sum_{\boldsymbol{k},\sigma} E_k (\hat{\eta}^{\dagger}_{\boldsymbol{k}} \hat{\eta}_{\boldsymbol{k}} + \hat{\zeta}^{\dagger}_{\boldsymbol{k}} \hat{\zeta}_{\boldsymbol{k}}) - \sum_{\boldsymbol{k}} (E_k - \xi_k) + \frac{|\Delta|^2}{g}
\end{aligned} \tag{4.43}$$

と書き直すことができる．

ここで，BCS 状態 $|S\rangle$ を $\hat{K}_{\mathrm{MF}}$ の基底状態，すなわち期待値 $\langle S|\hat{K}_{\mathrm{MF}}|S\rangle$ を最小化する状態として定義しよう．状態 $|S\rangle$ は，もし平均場近似が正しければ BCS 理論自体の基底状態となる状態である．また，BCS 状態 $|S\rangle$ はすべての $\boldsymbol{k}$ について

$$\hat{\eta}_{\boldsymbol{k}} |S\rangle = \hat{\zeta}_{\boldsymbol{k}} |S\rangle = 0 \tag{4.44}$$

を満たす．実際，もし式 (4.44) を満たさない $\boldsymbol{k}$ があれば，状態 $\hat{\eta}_{\boldsymbol{k}}|S\rangle$ あるいは $\hat{\zeta}_{\boldsymbol{k}}|S\rangle$ は $\hat{K}_{\mathrm{MF}}$ のエネルギー固有状態で，かつエネルギー固有値が $|S\rangle$ よりも E_k だけ小さいため，$|S\rangle$ が基底状態であるという仮定に反する．

式 (4.42) および (4.44) は，新たに導入した演算子 $\hat{\eta}_{\boldsymbol{k}}$，$\hat{\zeta}_{\boldsymbol{k}}$ と $|S\rangle$ の性質が，4.1 節で導入した自由フェルミ気体における消滅演算子 $\hat{c}_{\boldsymbol{k}\sigma}$ と真空状態 $|0\rangle$ との関係と全く同じ構造をしていることを示している．これにより，$|S\rangle$ に $\hat{\eta}^{\dagger}_{\boldsymbol{k}}$，$\hat{\zeta}^{\dagger}_{\boldsymbol{k}}$ を掛けた状態は $\hat{K}_{\mathrm{MF}}$ の固有状態で，この系の粒子状態と解釈できる．ただし，$\hat{\eta}^{\dagger}_{\boldsymbol{k}}$，$\hat{\zeta}^{\dagger}_{\boldsymbol{k}}$ が生成する状態のエネルギーは，自由フェルミ気体の励起エネルギー ξ_k から E_k へと変化していることに注意しよう．すなわち，これらは相互作用の**「衣を着た」**フェルミ粒子モードであり，**準粒子** (quasi-particle) と呼ばれる．式 (4.44) は状態 $|S\rangle$ が準粒子を 1 つも含まない状態，すなわち**準粒子の真空状態**で

あることを示している.

式 (4.36) から，準粒子のエネルギー E_k の最小値はゼロではなく，有限の値 $|\Delta|$ をもつ．つまり，$|\Delta|$ は基底状態と励起状態の間のエネルギー差 (ギャップ) の最小値である．これが $|\Delta|$ をエネルギーギャップと呼ぶ理由である.

さて，ここで得られた準粒子の励起エネルギー $E_k = \sqrt{|\Delta|^2 + \xi_k^2}$ と，静止質量 m をもつ自由粒子の**相対論的運動エネルギー**の表式 $E_k = \sqrt{m^2 + \boldsymbol{k}^2}$ とを対比させると，$|\Delta| \leftrightarrow m$，$|\xi_k| \leftrightarrow |\boldsymbol{k}|$ と置き換えた対応関係にあることに気づく．このことは，（素）粒子の静止質量 m も，超伝導におけるギャップ $|\Delta|$ の発現と同様に何らかの相互作用によって生成されたものなのかもしれない，という示唆を与える．次章以降ではこの示唆が真実でありうるということを示し，その帰結を調べていくことになる.

4.3.2　エネルギーギャップの決定

ここまでの議論では，エネルギーギャップ Δ の値が定まっていない．次に，平均場に対して**自己無撞着条件**と呼ばれる条件を課すことでギャップ Δ が決定されることを見よう.

Δ の値は，平均場ハミルトニアン K_{MF} と基底状態 $|S\rangle$ の構造を決める．こうして決まる状態 $|S\rangle$ のエネルギー密度 $\varepsilon = \langle S|\hat{K}_{\mathrm{MF}}|S\rangle/V$ は Δ に依存するので $\varepsilon(\Delta)$ と書けるが，基底状態として実際に実現する状態のエネルギー密度はこれらの中で最小となるはずである．すなわち，Δ の値はエネルギー密度 $\varepsilon(\Delta)$ を最小化するように決められるべきである.

与えられた Δ に対する ε の値は，式 (4.43) の状態 $|S\rangle$ に対する期待値をとり，$\hat{\eta}|S\rangle = \hat{\zeta}|S\rangle = 0$ を使うと

$$\varepsilon(|\Delta|) = -\frac{1}{V}\sum_{\boldsymbol{k}}(E_k - \xi_k) + \frac{|\Delta|^2}{gV} \tag{4.45}$$

となることがわかる．このエネルギー密度の表式は位相 ϕ によらないことに注意しよう．このことを明示的に示すため，式 (4.45) の左辺の引数を $|\Delta|$ としてある．エネルギー密度が位相 ϕ に依存しないことの物理的意味は，後に詳しく論じる．式 (4.45) を最小化する $|\Delta|$ が物理的に実現するギャップの値である．最小値では微係数がゼロであることから，物理的に実現するギャップが満たす

べき必要条件として

$$\frac{\partial \varepsilon}{\partial |\Delta|} = -\frac{1}{V}\sum_{\boldsymbol{k}} \frac{|\Delta|}{E_k} + 2\frac{|\Delta|}{gV} = 0, \tag{4.46}$$

あるいは少し整理して

$$|\Delta| = g\sum_{\boldsymbol{k}} \frac{|\Delta|}{2E_k} \tag{4.47}$$

を得る．式 (4.47) は，**ギャップ方程式**と呼ばれる．ギャップ方程式 (4.47) は，ギャップ Δ の定義 (4.35) に立ち返り，式 (4.38)-(4.40) などを使って右辺を計算しても以下のように得ることができる：

$$\begin{aligned}
\Delta =& g\sum_{\boldsymbol{k}} \langle S|\hat{c}_{-\boldsymbol{k}\downarrow}\hat{c}_{\boldsymbol{k}\uparrow}|S\rangle \\
=& g\sum_{\boldsymbol{k}} \langle S|(-v_k e^{-i\phi}\eta^\dagger_{\boldsymbol{k}} + u_k\zeta_{-\boldsymbol{k}})(u_k\eta_{\boldsymbol{k}} + v_k e^{i\phi}\zeta^\dagger_{-\boldsymbol{k}})|S\rangle \\
=& g\sum_{\boldsymbol{k}} u_k v_k e^{i\phi}\langle S|\zeta_{-\boldsymbol{k}}\zeta^\dagger_{-\boldsymbol{k}}|S\rangle = g\sum_{\boldsymbol{k}} u_k v_k e^{i\phi} = g\sum_{\boldsymbol{k}} \frac{\Delta}{2E_k}.
\end{aligned} \tag{4.48}$$

この導出は，Δ を決める式 (4.35) の右辺が Δ に依存しているという循環構造からギャップ方程式が現れることを表しており，この意味で式 (4.47) は**自己無撞着方程式**と呼ばれる．

注意すべきことは，ギャップ方程式 (4.47) は解 $|\Delta|$ が満たすべき必要条件にすぎないということである．実際，式 (4.47) は常に $|\Delta| = 0$ を解にもつが，後に 4.3.5 項で具体的に見るように，$g > 0$ の場合には，式 (4.47) はもう 1 つ $|\Delta| \neq 0$ の解をもつ．そして，後者の解が $\varepsilon(|\Delta|)$ の最小値に相当する．すなわち，BCS 理論の基底状態 $|S\rangle$ は $|\Delta| \neq 0$ の状態である．

4.3.3 BCS 状態 $|S\rangle$

BCS 状態 $|S\rangle$ は，式 (4.44) を満たす準粒子の真空状態である．これをもとの生成消滅演算子 $\hat{c}^\dagger_{\boldsymbol{k}\sigma}$，$\hat{c}_{\boldsymbol{k}\sigma}$ および真空状態 $|0\rangle$ を用いて表すと，4.3.4 項で具体的な導出を行うように，

$$|S\rangle = \prod_{\boldsymbol{k}} (u_k + \mathrm{e}^{i\phi} v_k \hat{c}^\dagger_{\boldsymbol{k}\uparrow}\hat{c}^\dagger_{-\boldsymbol{k}\downarrow})|0\rangle \tag{4.49}$$

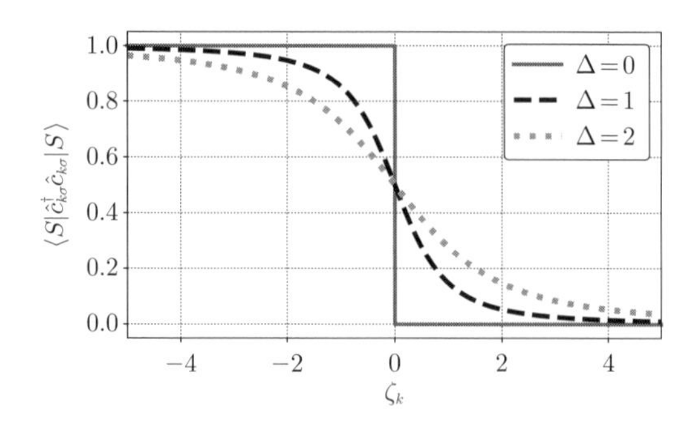

図 4.2　BCS 状態における占有数 (4.52)．ただし横軸とギャップ Δ は任意次元.

となる．実際，式 (4.49) が

$$\hat{\eta}_{\boldsymbol{k}}|S\rangle = (u_k\hat{c}_{\boldsymbol{k}\uparrow} - v_k e^{i\phi}\hat{c}^\dagger_{-\boldsymbol{k}\downarrow})|S\rangle = 0, \tag{4.50}$$

$$\hat{\zeta}_{-\boldsymbol{k}}|S\rangle = (v_k e^{i\phi}\hat{c}^\dagger_{\boldsymbol{k}\uparrow} + u_k\hat{c}_{-\boldsymbol{k}\downarrow})|S\rangle = 0 \tag{4.51}$$

を満たすことは容易に確かめられる．さらに，BCS 状態 (4.49) は様々な粒子数固有状態の重ね合わせとして与えられており，粒子数演算子 $\hat{N}$ の固有状態になっていないことに注意しよう．

次に，もとの生成消滅演算子で見た運動量 $\boldsymbol{k}$ の状態の占有数 $\langle S|\hat{c}^\dagger_{\boldsymbol{k}\sigma}\hat{c}_{\boldsymbol{k}\sigma}|S\rangle$ を計算してみよう．この計算は式 (4.40)，あるいは式 (4.49) のいずれかを使えば容易に結果が得られ，

$$\langle S|\hat{c}^\dagger_{\boldsymbol{k}\sigma}\hat{c}_{\boldsymbol{k}\sigma}|S\rangle = v_k^2 = \frac{1}{2}\left(1 - \frac{\xi_k}{\sqrt{\xi_k^2 + |\Delta|^2}}\right) \tag{4.52}$$

となる．式 (4.52) の ξ_k 依存性を図 4.2 に示したが，もとの粒子の立場で見た占有数はフェルミ面付近でなだらかに変化しており，フェルミ面が崩れていることがわかる．このように，基底状態 $|S\rangle$ の解釈には準粒子の立場で見た場合と，もとの粒子描像に立った場合の 2 つの解釈が存在し，両者は全く異なることに注意しよう．

もとの粒子描像で $|S\rangle$ の粒子分布を見ると，フェルミ面より大きな運動量領域に粒子が励起しているので，状態 (4.11) と比べて系の運動エネルギーが大きくなり，エネルギー的に損をしているように見える．確かに，運動エネルギー

だけであれば，式 (4.11) がエネルギー最小の状態である．しかし，粒子間に引力がはたらいている場合は，フェルミ球を「壊して」運動エネルギーを増大させても引力相互作用エネルギーをかせぐことで全エネルギーが小さい状態を作ることができ，それが BCS 状態なのだと解釈できる．

基底状態 (4.49) に現れる u_k，v_k の値はギャップ方程式によって式 (4.39) のように決まるが，位相 ϕ の値は任意である．異なる ϕ に対応する状態 $|S\rangle$ は異なる量子状態であり，それらすべてがこの系の最低エネルギー状態である．すなわち，この系の基底状態には**連続無限の縮退**が存在する．さらに，上でも見たように ϕ は U(1) 変換 (4.10) の位相であることから，式 (4.49) は U(1) 変換 (4.10) のもとで別の量子状態へと変化する [9]．このように，ハミルトニアンがもつ不変性を基底状態がもたないとき，**対称性が自発的に破れている**という [6,11]．またこのことは上で注意したように，BCS 状態 (4.49) が粒子数演算子 $\hat{N}$ の固有状態ではないことと等価である．対称性が自発的に破れた系のこのような基底状態の性質は，通常の量子力学において基底状態が縮退しておらず，かつハミルトニアンと交換する演算子の固有状態になっていることと対照的である．たとえば，原子などの回転対称な有限量子系では回転変換の生成子である角運動量演算子がハミルトニアンと交換するが，これらの系の基底状態は角運動量演算子の固有状態である．この例のように，自発的対称性の破れは基底状態の縮退に伴って実現する．

4.3.4 発展的な補足：BCS 状態 (4.49) の導出 [10]

[10]

BCS 状態 (4.49) の導出の概略 [50,57] を示す．ただし，簡単のために本項では $\phi = 0$ として議論を行う．

まず，互いにエルミート共役な演算子対

$$\hat{S}_+(\boldsymbol{k}) = \hat{c}^\dagger_{\boldsymbol{k}\uparrow}\hat{c}^\dagger_{-\boldsymbol{k}\downarrow}, \qquad \hat{S}_-(\boldsymbol{k}) = \hat{S}^\dagger_+(\boldsymbol{k}) = \hat{c}_{-\boldsymbol{k}\uparrow}\hat{c}_{\boldsymbol{k}\uparrow} \tag{4.53}$$

9) このように連続無限の縮退が生じることの帰結として，対称性が自発的に破れた系ではゼロ質量の励起モードが現れる．このような励起状態を南部—ゴールドストーンモード（NG モード）と呼ぶ．NG モードについては第 7 章でより詳しく論じる．

10) 本節は少し発展的な内容であり，かつ本書の以降の理解にほとんど影響を与えないので，難しいと感じる読者はスキップしても構わない．

を導入する．これらの演算子は交換関係

$$[\hat{S}_+(\boldsymbol{k}'),\, \hat{c}_{-\boldsymbol{k}\downarrow}] = \delta_{\boldsymbol{k}\boldsymbol{k}'}\hat{c}^\dagger_{\boldsymbol{k}\uparrow}, \quad [\hat{S}_-(\boldsymbol{k}'),\, \hat{c}_{-\boldsymbol{k}\downarrow}] = 0, \tag{4.54}$$

$$[\hat{S}_-(\boldsymbol{k}'),\, \hat{c}^\dagger_{-\boldsymbol{k}\downarrow}] = -\delta_{\boldsymbol{k}\boldsymbol{k}'}\hat{c}_{\boldsymbol{k}\uparrow}, \quad [\hat{S}_+(\boldsymbol{k}'),\, \hat{c}^\dagger_{-\boldsymbol{k}\downarrow}] = 0 \tag{4.55}$$

を満たす．さらに，ユニタリー演算子

$$\hat{\mathcal{U}} = \mathrm{e}^{\sum_{\boldsymbol{k}}(\theta_k/2)(\hat{S}_+(\boldsymbol{k})-\hat{S}_-(\boldsymbol{k}))} = \prod_{\boldsymbol{k}}\Bigl(\sum_{n=0}^{\infty}\frac{(\theta_k/2)^n}{n!}(\hat{S}_+(\boldsymbol{k})-\hat{S}_-(\boldsymbol{k}))^n\Bigr) \tag{4.56}$$

を定義すると，ボゴリューボフ—ヴァラティン変換 (4.40) に現れる演算子の対 $(\hat{c}_{\boldsymbol{k}\uparrow}, \hat{c}^\dagger_{-\boldsymbol{k}\downarrow})$ と $(\hat{\eta}_{\boldsymbol{k}}, \hat{\zeta}^\dagger_{-\boldsymbol{k}})$ が $\hat{\mathcal{U}}$ を使い

$$\hat{\mathcal{U}}\hat{c}_{\boldsymbol{k}\uparrow}\hat{\mathcal{U}}^\dagger = \hat{\eta}_{\boldsymbol{k}}, \qquad \hat{\mathcal{U}}\hat{c}_{-\boldsymbol{k}\downarrow}\hat{\mathcal{U}}^\dagger = \hat{\zeta}_{-\boldsymbol{k}} \tag{4.57}$$

なる関係で結びつくことが示せる[11]．ただし，$(\cos\theta_k/2,\, \sin\theta_k/2) = (u_k,\, v_k)$ とした．

次に真空状態 $|0\rangle$ が満たす $\hat{c}_{\boldsymbol{k}\uparrow}|0\rangle = 0$，$\hat{c}_{-\boldsymbol{k}\downarrow}|0\rangle = 0$ に左から $\hat{\mathcal{U}}$ を作用させると，

$$0 = \hat{\mathcal{U}}\hat{c}_{\boldsymbol{k}\uparrow}\hat{\mathcal{U}}^\dagger\hat{\mathcal{U}}|0\rangle = \hat{\eta}_{\boldsymbol{k}}\hat{\mathcal{U}}|0\rangle, \quad 0 = \hat{\mathcal{U}}\hat{c}_{-\boldsymbol{k}\downarrow}\hat{\mathcal{U}}^\dagger\hat{\mathcal{U}}|0\rangle = \hat{\zeta}_{-\boldsymbol{k}}\hat{\mathcal{U}}|0\rangle \tag{4.59}$$

が得られる．ただし途中の計算で $\hat{\mathcal{U}}^\dagger\hat{\mathcal{U}} = 1$ を挿入した．式 (4.59) と BCS 状態の定義式 (4.44) の比較により，

$$|S\rangle = \hat{\mathcal{U}}|0\rangle \tag{4.60}$$

が結論される．さらに，数学的帰納法により示される関係式

$$(\hat{S}_+(\boldsymbol{k}) - \hat{S}_-(\boldsymbol{k}))^{2m}|0\rangle = (-1)^m|0\rangle, \tag{4.61}$$

---

[11] ベーカー・キャンベル・ハウスドルフの補助定理

$$e^{\hat{B}}\hat{A}e^{-\hat{B}} = \hat{A} + [\hat{B}, \hat{A}] + \frac{1}{2!}[\hat{B}, [\hat{B}, \hat{A}]] + \cdots \tag{4.58}$$

と式 (4.54), (4.55) を使う．

$$(\hat{S}_+(\boldsymbol{k}) - \hat{S}_-(\boldsymbol{k}))^{2m+1}|0\rangle = (-1)^m \hat{S}_+(\boldsymbol{k})|0\rangle \tag{4.62}$$

を使って式 (4.60) を整理すると,

$$\begin{aligned} |S\rangle = \hat{\mathcal{U}}|0\rangle &= \prod_{\boldsymbol{k}} \left[\cos\frac{\theta_k}{2} + \sin\frac{\theta_k}{2}\hat{S}_+(\boldsymbol{k}) \right]|0\rangle \\ &= \prod_{\boldsymbol{k}} (u_k + v_k \hat{c}^\dagger_{\boldsymbol{k}\uparrow}\hat{c}^\dagger_{-\boldsymbol{k}\downarrow})|0\rangle. \end{aligned} \tag{4.63}$$

となるが, これは示したかった式 (4.49) の $\phi = 0$ の場合である [12)].

4.3.5 有限温度への拡張

次に, 有限温度の場合を考察しよう. まず, 有限温度でのギャップ Δ の値を自己無撞着平均場近似で求めよう. 有限温度では, エネルギーギャップの定義 (4.35) の右辺の期待値は統計熱平均値に置き換わる. 式 (4.23) に従って $\hat{c}_{-\boldsymbol{k}\downarrow}\hat{c}_{\boldsymbol{k}\uparrow}$ の期待値を計算すると

$$|\langle \hat{c}_{-\boldsymbol{k}\downarrow}\hat{c}_{\boldsymbol{k}\uparrow}\rangle| = u_k v_k (1 - 2f(E_k)) = \frac{|\Delta|}{2E_k}(1 - 2f(E_k)) \tag{4.65}$$

が得られ, これを式 (4.35) に代入すると

$$|\Delta| = g\sum_{\boldsymbol{k}} \frac{|\Delta|}{2E_k}\big(1 - 2f(E_k)\big) \tag{4.66}$$

となる. これが有限温度でのギャップ方程式であり, ギャップの値は式 (4.66) を解くことで求められる. 式 (4.66) から, $|\Delta|$ の値は T に依存することがわか

12) 高度な話題になるが, ここで行った BCS 状態の導出は, BCS 理論がもつ隠れた SU(2) 対称性と関連していることに注意しておく.

$$\begin{aligned} &\hat{S}_x(\boldsymbol{k}) = \frac{1}{2}\big(\hat{S}_+(\boldsymbol{k}) + \hat{S}_-(\boldsymbol{k})\big), \quad \hat{S}_y(\boldsymbol{k}) = \frac{1}{2}\big(\hat{S}_+(\boldsymbol{k}) - \hat{S}_-(\boldsymbol{k})\big), \\ &\hat{S}_z(\boldsymbol{k}) = \frac{1}{2}\big(c^\dagger_{\boldsymbol{k}\uparrow}c_{\boldsymbol{k}\uparrow} + c^\dagger_{-\boldsymbol{k}\downarrow}c_{-\boldsymbol{k}\downarrow} - 1\big) \end{aligned} \tag{4.64}$$

によって演算子 $\hat{S}_x(\boldsymbol{k})$, $\hat{S}_y(\boldsymbol{k})$, $\hat{S}_z(\boldsymbol{k})$ を定義すると, これらの演算子は SU(2) の代数 $[\hat{S}_i(\boldsymbol{k}), \hat{S}_j(\boldsymbol{k})] = i\epsilon_{ijk}\hat{S}_k(\boldsymbol{k})$ を満たすことが示せ, 準スピン演算子と呼ばれる. ユニタリー演算子 $\hat{\mathcal{U}}$ は準スピン空間における y 軸まわりの回転であるため, ボゴリューボフ—ヴァラティン変換 (4.57) はこの空間の回転と解釈できる [57].

るが，これに伴い準粒子の演算子 $\hat{\eta}_{\boldsymbol{k}}$，$\hat{\zeta}_{\boldsymbol{k}}$ や励起エネルギー E_k も温度の関数として変化する．

同じ問題を最小化問題の立場からも見ておこう．$T=0$ ではエネルギーを最小化したが，有限温度での熱平衡状態は熱力学ポテンシャル $\Omega=-T\ln Z$ の最小値として与えられる．平均場近似ハミルトニアン (4.43) あるいは (4.34) に対応する単位体積あたりの熱力学ポテンシャル $\omega=\Omega/V$ は，4.2 節と同様にして各準粒子モードからの寄与の和を計算すると，

$$\begin{aligned}\omega(|\Delta|) &= -\frac{2}{V}\sum_{\boldsymbol{k},\sigma}T\ln(1+e^{-E_k/T})-\frac{1}{V}\sum_{\boldsymbol{k}}E_k+\frac{1}{V}\sum_{k}\xi_k+\frac{|\Delta|^2}{gV}\\ &= -\int\frac{d^3k}{(2\pi)^3}\left[E_k+2T\ln(1+e^{-E_k/T})\right]+\int\frac{d^3k}{(2\pi)^3}\xi_k+\frac{|\Delta|^2}{gV} \end{aligned}\tag{4.67}$$

となる．ただし 2 行目では $V\to\infty$ の極限をとり，式 (4.13) を使って運動量の和を積分で置き換えた．この熱力学ポテンシャルの表式は，$T=0$ のエネルギー密度 (4.45) と同様に位相 ϕ によらない．

熱力学ポテンシャル (4.67) の停留条件は

$$\frac{d\omega}{d|\Delta|}=-\int\frac{d^3k}{(2\pi)^3}\frac{|\Delta|}{E_k}\bigl(1-2f(E_k)\bigr)+2\frac{|\Delta|}{gV}=0 \tag{4.68}$$

となり，Δ についての方程式を与える．この方程式は，自己無撞着条件から求めたギャップ方程式 (4.66) の $V\to\infty$ と一致する．

さらに具体的に計算を進めるため，相互作用がフェルミ面付近の $|\xi_k|<\omega_c\ll\mu$ を満たす，ごく狭い運動量領域のみに限られているとしてみよう．すると，熱力学ポテンシャルは

$$\begin{aligned}\omega(|\Delta|) &= -\int_{-\omega_c}^{\omega_c}d\xi_k\frac{k^2}{2\pi^2}\frac{dk}{d\xi_k}\left[(E_k-\xi_k)+2T\ln(1+e^{-E_k/T})\right]+\frac{|\Delta|^2}{gV}\\ &\simeq -N_0\int_{-\omega_c}^{\omega_c}d\xi_k\left[(E_k-\xi_k)+2T\ln(1+e^{-E_k/T})\right]+\frac{|\Delta|^2}{gV} \end{aligned}\tag{4.69}$$

と書き換えられる．ただし積分変数を k から ξ_k に置き換え，2 行目では $\omega_c\ll\mu$ であることから積分区間内で $N_0=(k^2/2\pi^2)(dk/d\xi_k)$ が定数とみなして積分の外に出した．N_0 はフェルミ面での単位体積あたりの状態密度（単位エネルギー

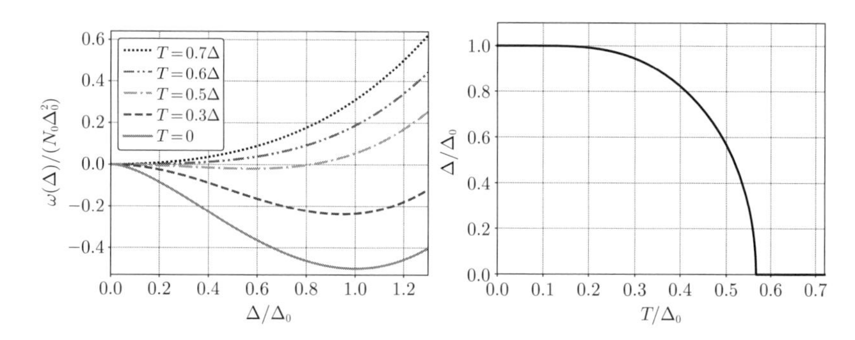

図 **4.3** 左：熱力学ポテンシャル $\omega(\Delta)$ の温度依存性．右：ギャップ Δ の温度依存性．

あたりの状態数）である．また，同じ近似を課したときのギャップ方程式は

$$|\Delta| = gVN_0 \int_{-\omega_c}^{\omega_c} d\xi_k \frac{|\Delta|}{2E_k}(1 - 2f(E_k)) \tag{4.70}$$

となる．$T = 0$ のときはこの積分は解析的に実行できて，

$$\int_{-\omega_c}^{\omega_c} d\xi_k \frac{|\Delta|}{2E_k} = |\Delta| \sinh^{-1} \frac{\omega_c}{|\Delta|} \tag{4.71}$$

となる．この結果を使うと，ギャップ方程式の解は $\Delta = 0$ と，

$$|\Delta| = \Delta_0 = \frac{\omega_c}{\sinh(1/N_0 gV)} \tag{4.72}$$

であることがわかる．典型的な金属超伝導では $N_0 gV = 0.25$ といわれている [12].

以上の結果を使って，$\omega(\Delta)$ を具体的に数値計算してみよう．数値計算では，変数を無次元化すると見通しが良くなることが多い．たとえば，熱力学ポテンシャル (4.69) は，エネルギー次元をもつ量を ω_c を使って無次元化した，$\tilde{\Delta} = \Delta/\omega_c$, $\tilde{\xi}_k = \xi_k/\omega_c$，$\tilde{E}_k = E_k/\omega_c$，$\tilde{T} = T/\omega_c$ などを使うと

$$\frac{\omega(|\Delta|)}{N_0\omega_c^2} = -\int_{-1}^{1} d\tilde{\xi}_k \left[(\tilde{E}_k - \tilde{\xi}_k) + 2\tilde{T}\ln(1 + e^{-\tilde{E}_k/\tilde{T}})\right] + \frac{|\tilde{\Delta}|^2}{gV} \tag{4.73}$$

と書き直せる．

図 4.3 左に，式 (4.73) をいくつかの温度に対して計算したものを示す．ただ

し，横軸 Δ は式 (4.72) で規格化してある．

まず $T=0$ の結果を見ると，$\omega(\Delta)$ が $\Delta=\Delta_0$ で最小値をとることがわかる．ギャップ方程式の解は $\Delta=0$，Δ_0 の 2 つがあり，$\omega(\Delta)$ の極値もこの 2 ヵ所にあるが，$\Delta=0$ は極大値であり，物理的に実現するのはエネルギーを最小化する $\Delta=\Delta_0$ である．ここで，この結論が相互作用の大きさ g に依存しないことに注意したい．つまり，フェルミ面付近に式 (4.31) のような引力相互作用が存在する系では，$T=0$ の状態は必ず超伝導状態である [13]．

次に，$T\neq 0$ での熱力学ポテンシャルを見ると，温度の上昇とともに $\omega(\Delta)$ が変化し最小値が Δ の小さい方向へと移動していく．そして，温度 $T=T_c\simeq 0.57\Delta_0$ を境に $\Delta\neq 0$ の最小値は消失し，$\omega(\Delta)$ の最小値は $\Delta=0$ になる．$\Delta=0$ では準粒子がもとの粒子と同じになるので，$T>T_c$ の状態は通常相であり，臨界温度 T_c で超伝導状態から通常状態への相転移が起こることがわかる．この Δ の温度依存性をより明示的に示したのが図 4.3 の右図である．この図からも，温度の上昇とともに Δ の値が減少し，$T=T_c$ でギャップがゼロになることがわかる．なお，臨界温度において Δ の値は連続的に変化しており，その一階微分が不連続なので，この相転移は二次相転移である．

以上の議論では Δ の値によって超伝導相 ($\Delta\neq 0$) と通常相 ($\Delta=0$) を区別した．このように，対称性の破れの強さを表し，相を区別する役割を果たす物理量のことを**秩序変数**と呼ぶ．

13) ただしこれは平均場近似での話で，量子ゆらぎを入れると結果は空間次元による．

第5章 有限温度・有限密度における クォーク物質の相構造

本章では，まずスピン 1/2 をもつ相対論的粒子を記述するディラック場 [1,6,58] について初等的な解説を行った後，質量 $M=0$ と有限質量 $M \neq 0$ のディラック場の関係が BCS 理論における粒子と準粒子の関係と類似していることを見る．また，質量ゼロのディラック場がもつ**カイラル対称性**と呼ばれる特異な対称性について詳しく説明する [11,58].

ディラック場と BCS 理論の間の類似性は，現実に存在するディラック粒子であるクォーク，あるいは核子の質量が超伝導状態におけるギャップの生成と同様のダイナミカルな機構によって生成することを示唆する．これは，歴史的には 1960 年に南部によって最初に提案されたアイディアであった [13].

超伝導物質においては，ギャップ Δ がゼロでない値をとることで U(1) 対称性が自発的に破れ，ギャップ Δ の値は温度などの環境に依存して変化する．4.3 節では，これに伴って準粒子の励起スペクトルが変化する他，臨界温度 T_c において超伝導相から通常相への相転移が起こることを見た．QCD においても，これと同様に真空で自発的に破れているカイラル対称性が温度や密度などの環境に依存して変化し，それに伴ってクォークやハドロンの質量が変化したり，対称性の回復に対応する相転移が起こることが示唆される．

カイラル対称性の自発的破れや，媒質中でのその回復を調べるためには，南部とヨナ-ラシニオによって導入された南部–ヨナ-ラシニオ (NJL) 模型 [11,13,59] で考察するのがわかりやすくかつ教育的である．NJL 模型は，オリジナルの論文 [13] では核子場に対する模型として導入されたが，ここでは核子場をクォーク場に置き換えた議論を行う [1]．本章では，平衡状態での媒質の性質に注目し

[1] クォーク場で表された NJL 模型を QCD の有効模型として使用することの積極的な提案と系統的な解析についての総説としては，たとえば，文献 [59–61] を見よ．

た議論を行い，励起モードなどの動的な性質は第7章以降で扱う．

この章以降，4次元座標を $x^\mu = (t, \boldsymbol{x})$，$\mu = 0,1,2,3$ と書く．メトリック $g_{\mu\nu} = \mathrm{diag}(1, -1, -1, -1)$ を導入すると，2つの4元ベクトル a^μ，b^μ のローレンツ内積は，$a \cdot b = a^0 b^0 - \sum_{i=1}^{3} a^i b^i = a_\mu b^\mu = g_{\mu\nu} a^\nu b^\mu$ と書かれる．ただし，重複する添字については和をとるというアインシュタインの規約を採用している．また，$g_{\mu\nu}$ の逆行列成分を $g^{\mu\nu}$ と書く：$g^{\mu\nu} g_{\nu\rho} = \delta^\mu_\rho$．このとき，$x_\mu = g_{\mu\nu} x^\nu = (t, -\boldsymbol{x})$，$x^2 \equiv g_{\mu\nu} x^\mu x^\nu = t^2 - \boldsymbol{x}^2$．また，$\partial_\mu \equiv \frac{\partial}{\partial x^\mu} = (\frac{\partial}{\partial x^0}, \boldsymbol{\nabla})$，$\partial^\mu \equiv \frac{\partial}{\partial x_\mu} = (\frac{\partial}{\partial x^0}, -\boldsymbol{\nabla})$ である．たとえば，$a \cdot \partial = a^\mu \partial_\mu = a^\mu \frac{\partial}{\partial x^\mu}$．

5.1　ディラック方程式入門

ディラック場に関する基本事項を整理しておこう [2)]．質量 M，スピン 1/2 の相対論的粒子は，ディラック場と呼ばれる4成分スピノル $\psi(x)$ で表され，$\psi(x)$ は次のディラック方程式に従う：

$$(i\gamma \cdot \partial - M)\psi(x) = (i\partial\!\!\!/ - M)\psi(x) = 0. \tag{5.1}$$

ここでガンマ行列 γ^μ $(\mu = 0,1,2,3)$ はスピノル空間に作用する 4×4 行列で，以下の関係を満たす：

$$\{\gamma^\mu, \gamma^\nu\} = 2g^{\mu\nu}\mathbf{1}_4, \qquad {\gamma^0}^\dagger = \gamma^0, \quad {\gamma^i}^\dagger = -\gamma^i. \tag{5.2}$$

ただし $\mathbf{1}_n$ は $n \times n$ 単位行列，$i = 1,2,3$ である．また，ガンマ行列と4元ベクトル p^μ の内積を $\gamma \cdot p = p\!\!\!/$ と書く．式 (5.2) を満たすガンマ行列の具体的な表現は無数にあり，それらは互いにユニタリー変換で結びつく等価なものだが，カイラル対称性に関連した物理を議論する際にはワイル表示またはカイラル表示と呼ばれる以下の表示をとると見通しが良い：

---

2) 本節の内容は，場の理論の教科書で標準的に解説されているものである．たとえば文献 [1,6,11,58] など．

$$\gamma^0 = \begin{pmatrix} 0 & \mathbf{1}_2 \\ \mathbf{1}_2 & 0 \end{pmatrix}, \quad \gamma^i = \begin{pmatrix} 0 & \sigma^i \\ -\sigma^i & 0 \end{pmatrix}. \tag{5.3}$$

ただしここで σ^i はパウリ行列である．

ディラック方程式 (5.1) を導くラグランジアンは，$\bar{\psi} = \psi^\dagger \gamma^0$ を使って

$$L = \int d^4x \mathcal{L}, \qquad \mathcal{L} = \bar{\psi}(i\partial\!\!\!/ - M)\psi \tag{5.4}$$

と書ける．$\psi(x)$ の正準運動量が $\pi_\psi(x) = \partial\mathcal{L}/\partial\dot{\psi}(x) = i\psi^\dagger(x)$ であることを使うと，対応するハミルトニアンは以下のようになる：

$$H = \int d\boldsymbol{x}\bar{\psi}(x)[-i\boldsymbol{\gamma}\cdot\boldsymbol{\nabla} + M]\psi(x). \tag{5.5}$$

5.1.1 カイラル対称性

質量 $M = 0$ のディラック粒子は，カイラル対称性と呼ばれる対称性をもつ．これを見るために，まず

$$\gamma_5 \ = i\gamma^0\gamma^1\gamma^2\gamma^3 = \gamma_5^\dagger \tag{5.6}$$

で定義されるガンマ行列 γ_5 を導入する．γ_5 はすべての γ^μ $(\mu = 0, 1, 2, 3)$ と反可換である:

$$\gamma_5\gamma^\mu = -\gamma^\mu\gamma_5. \tag{5.7}$$

また，ガンマ行列の性質 (5.2) から $\gamma_5^2 = \mathbf{1}_4$ であり，ここから γ_5 の固有値は ±1 であることがわかる．この固有値を**カイラリティ**と呼ぶ．

カイラリティが -1 および $+1$ の固有空間への射影演算子はそれぞれ

$$P_L = \frac{1-\gamma_5}{2}, \quad P_R = \frac{1+\gamma_5}{2} \qquad (P_L + P_R = 1) \tag{5.8}$$

で与えられる．実際，P_L と P_R は射影演算子の性質 $P_L^2 = P_L$，$P_R^2 = P_R$ を満たしており，$P_LP_R = 0$ から P_L と P_R は直交する空間への射影を表す．これらの射影作用素が満たす関係式

$$P_L\gamma^\mu = \gamma^\mu P_R, \qquad P_R\gamma^\mu = \gamma^\mu P_L, \qquad P_R - P_L = \gamma_5 \tag{5.9}$$

は以下の計算で頻繁に使われる．

カイラル表示 (5.3) における γ_5，$P_{L,R}$ を具体的に計算すると

$$\gamma_5 = \begin{pmatrix} -\mathbf{1}_2 & 0 \\ 0 & \mathbf{1}_2 \end{pmatrix}, \quad P_L = \begin{pmatrix} \mathbf{1}_2 & 0 \\ 0 & 0 \end{pmatrix}, \quad P_R = \begin{pmatrix} 0 & 0 \\ 0 & \mathbf{1}_2 \end{pmatrix} \tag{5.10}$$

となり，P_L と P_R はこの表示ではディラックスピノルの上 2 成分および下 2 成分への射影を表すことがわかる．

P_L および P_R で射影したディラック場

$$\psi_L = P_L\,\psi, \qquad \psi_R = P_R\,\psi \tag{5.11}$$

をそれぞれ，左手系 (left-handed) と右手系 (right-handed) のスピノルと呼ぶ．$P_L + P_R = 1$ から，$\psi = \psi_L + \psi_R$ である．

ここで導入した ψ_L と ψ_R を用いてディラック場のラグランジアン密度を書き直してみよう．

$$\bar\psi_L = \psi_L^\dagger\gamma^0 = \psi^\dagger P_L\gamma^0 = \psi\gamma^0 P_R = \bar\psi P_R, \qquad \bar\psi_R = \bar\psi P_L \tag{5.12}$$

に注意すると，

$$\bar\psi\partial\!\!\!/\psi = \bar\psi\gamma^\mu\partial_\mu(P_L + P_R)\psi = \bar\psi_R\partial\!\!\!/\psi_R + \bar\psi_L\partial\!\!\!/\psi_L, \tag{5.13}$$

$$\bar\psi\psi = \bar\psi(P_L + P_R)\psi = \bar\psi_R\psi_L + \bar\psi_L\psi_R \tag{5.14}$$

となり，これらを $\mathcal{L}$ に代入すると

$$\mathcal{L} = \bar\psi_L i\partial\!\!\!/\psi_L + \bar\psi_R i\partial\!\!\!/\psi_R - M(\bar\psi_L\psi_R + \bar\psi_R\psi_L) \tag{5.15}$$

を得る．

ここで，第 4 章でも考察した場の位相変換に対するラグランジアン (5.15) の変換性を調べてみよう．まず，ディラック場に対し，スピノル 4 成分すべてに

$$\psi(x) \to e^{i\theta}\psi(x), \quad \bar{\psi}(x) \to e^{-i\theta}\psi(x)$$

と同じ位相を掛ける変換に対し，ラグランジアンは不変である．つまり，自由ディラック場は第 4 章で考察した非相対論的自由フェルミ気体 (4.1) や BCS 理論 (4.31) と同様に U(1) 対称性をもち，これに伴い保存カレントが現れる．保存カレントは $j^\mu(x) = \bar{\psi}(x)\gamma^\mu\psi(x)$ であり，時間成分の空間積分 $N = \int d^3x j^0 = \int d^3x \bar{\psi}\gamma^0\psi$ が保存電荷である．以下ではこの変換を $\mathrm{U}(1)_V$ 変換と呼ぶ [3]．

次に，$M = 0$ の場合を考えよう．このときは式 (5.15) の右辺最終項が消えるので左手系と右手系の場の積の項がなくなり，左手系と右手系の場が完全に分離している．このため，$M = 0$ のディラック場は ψ_L と ψ_R の独立な位相変換

$$\psi_L(x) \to e^{i\theta_L}\psi_L(x), \quad \bar{\psi}_L(x) \to e^{-i\theta_L}\bar{\psi}_L(x), \tag{5.16}$$

$$\psi_R(x) \to e^{i\theta_R}\psi_R(x), \quad \bar{\psi}_R(x) \to e^{-i\theta_R}\bar{\psi}_R(x) \tag{5.17}$$

のそれぞれに対して不変である．式 (5.16), (5.17) を**カイラル変換**と呼び，$M = 0$ のディラック場がもつカイラル変換に対する不変性 (対称性) を**カイラル対称性**と呼ぶ．また，θ_L と θ_R による 1 次元ユニタリー変換を，それぞれ区別するために下付き添字を付けて，$\mathrm{U}(1)_L$，$\mathrm{U}(1)_R$ と表す．カイラル変換 (5.16)，(5.17) はまとめて

$$\begin{aligned}\psi(x) &\to e^{iP_L\theta_L}e^{iP_R\theta_R}\psi_L(x) = e^{iP_L\theta_L + iP_R\theta_R}\psi_L(x) \\ &= e^{i(\theta_L+\theta_R)}e^{i\gamma_5(\theta_L-\theta_R)}\psi(x),\end{aligned} \tag{5.18}$$

と書き直せる．式 (5.18) の最右辺で，$e^{i(\theta_L+\theta_R)}$ が表す変換は $\mathrm{U}(1)_V$ 変換である．残りの $e^{i\gamma_5(\theta_L-\theta_R)}$ が表す変換を**軸性変換** $\mathrm{U}(1)_A$ と呼ぶ．$\mathrm{U}(1)_A$ 変換を（狭い意味での）カイラル変換と呼ぶこともある．

以上では単一のディラック粒子を考察したが，次に，質量ゼロの自由ディラック粒子が N 種類 ($N \geq 2$) 存在する場合のカイラル対称性を考察しておこう．こ

---

[3] 添字の V は，この対称性に付随した保存カレント j^μ がベクトルカレントであることに由来する．

のような系のカイラル変換は，$N \times N$ ユニタリー行列 L，R を用いて以下のように表される：

$$\psi_{Li} \to L_{ij}\psi_{Lj}, \quad \psi_{Ri} \to R_{ij}\psi_{Rj}. \tag{5.19}$$

ただし，ψ_L および ψ_R は式 (5.11) と同様に定義した左手系および右手系のスピノルで，添字 $i, j = 1, 2, \cdots, N$ はディラック粒子の種類を表す．ユニタリー行列の性質 $L^\dagger L = R^\dagger R = 1$ から容易に示せるように，この系は変換 (5.19) のもとで不変である．カイラル変換 (5.19) は2つのユニタリー行列 L，R が作るユニタリー群 $\mathrm{U}(N)$ の直積であり，この変換が作る群を $\mathrm{U}(N)_L \otimes \mathrm{U}(N)_R$ と書く．ユニタリー群 $\mathrm{U}(N)$ は位相変換を表す $\mathrm{U}(1)$ 群と特殊ユニタリー群 $\mathrm{SU}(N)$ の直積に $\mathrm{U}(N) \simeq \mathrm{U}(1) \otimes \mathrm{SU}(N)$ と分解できるので [62]，カイラル変換が作る群は

$$\begin{aligned}\mathrm{U}(N)_L \otimes \mathrm{U}(N)_R &\simeq \mathrm{U}(1)_L \otimes \mathrm{U}(1)_R \otimes \mathrm{SU}(N)_L \otimes \mathrm{SU}(N)_R \\ &\simeq \mathrm{U}(1)_V \otimes \mathrm{U}(1)_A \otimes \mathrm{SU}(N)_L \otimes \mathrm{SU}(N)_R\end{aligned} \tag{5.20}$$

と書ける．ただし最右辺では $\mathrm{U}(1)_L \otimes \mathrm{U}(1)_R \simeq \mathrm{U}(1)_V \otimes \mathrm{U}(1)_A$ により，N 種類のディラック場すべてに同時に作用する位相変換 $\mathrm{U}(1)_V$ と軸性変換 $\mathrm{U}(1)_A$ を分離して書いた．

第2章で説明したように，QCD を構成するクォーク場 q は6種類のフレーバー自由度をもっており，このうち u，d クォークの質量は QCD の典型的なエネルギースケールと比べてはるかに小さい．これらのクォークの質量を無視する近似のもとでは，QCD の古典ラグランジアンの u，d クォークセクターはカイラル変換 (5.19) に対して不変であり，$\mathrm{U}(2)_L \otimes \mathrm{U}(2)_R$ 対称性をもっている．しかし，グルーオンセクターの量子力学的効果により軸性変換 $\mathrm{U}(1)_A$ の対称性が破れ [4)]，量子場の理論としての QCD がもつ対称性は

$$\mathrm{U}(1)_V \otimes \mathrm{SU}(2)_L \otimes \mathrm{SU}(2)_R \tag{5.21}$$

となっていることが知られている．このうち，$\mathrm{SU}(2)_L \otimes \mathrm{SU}(2)_R$ を QCD のカ

---

4) 軸性異常という [63, 64]．たとえば，文献 [11] の §3.7 および §2.7 参照．

イラル対称性と呼ぶ．u，d の次に軽いクォークである s クォークも比較的軽いので，s クォークも含めたカイラル対称性 $\mathrm{SU}(3)_L \otimes \mathrm{SU}(3)_R$ を考察することもエネルギースケールによっては有効である．

5.1.2 ディラック方程式の解と正準量子化

次に，ディラック方程式 (5.1) の解を求め，それを使って量子化した場を書き下そう．

ディラック方程式 (5.1) に平面波展開 $\psi(x) = \tilde{\psi}(p)e^{-ip\cdot x}$ を代入して得られる $(\not{p} - M)\tilde{\psi}(p) = 0$ に左から $\not{p} + M$ を掛けて整理すると

$$(p^2 - M^2)\tilde{\psi}(p) = \left((p^0)^2 - E_p^2\right)\tilde{\psi}(p) = 0, \quad E_p = \sqrt{\boldsymbol{p}^2 + M^2} \tag{5.22}$$

となる．ここから，4 元運動量 p^μ の第 0 成分は $p^0 = \pm E_p$ となり，正と負のエネルギー解が得られる．さらに調べると，$p^0 = E_p$ と $p^0 = -E_p$ に対応する解が 2 つずつ存在する [5)]．それらの解を

$$\psi(x) = u_M(\boldsymbol{p}, s)e^{-ip\cdot x}, \qquad \psi(x) = v_M(\boldsymbol{p}, s)e^{ip\cdot x} \tag{5.23}$$

と書くことにしよう．ただし，$u_M(\boldsymbol{p}, s)$ と $v_M(\boldsymbol{p}, s)$ は正・負エネルギー解に対応する 4 成分ディラックスピノルである．s は 2 つの解を指定するラベルで，のちに指定する．負エネルギー解では $p \to -p$ として指数の肩を $e^{-ip\cdot x}$ から $e^{ip\cdot x}$ に変更することで $p^0 = E_p$ となるようにしてある．

$p^0 = \pm E_p$ に対応する解がそれぞれ 2 つあるのは，ディラック場がスピン 1/2 をもつことに対応する [1]．そこで，$u_M(\boldsymbol{p}, s)$ と $v_M(\boldsymbol{p}, s)$ を指定するために，スピノル空間に作用する 4×4 行列

$$h = \frac{1}{2}\begin{pmatrix} \sum_{i=1}^3 \hat{p}^i \sigma^i & 0 \\ 0 & \sum_{i=1}^3 \hat{p}^i \sigma^i \end{pmatrix}, \qquad \hat{\boldsymbol{p}} = \frac{\boldsymbol{p}}{|\boldsymbol{p}|} \tag{5.24}$$

を導入しよう．式 (5.24) はヘリシティ演算子と呼ばれる．ヘリシティとは運動量 $\boldsymbol{p}$ の方向のスピンのことである．$h^2 = 1/4$ であることから h の固有値は $\pm 1/2$

---

5) 文献 [1] などを参照．

であり，これらの固有値は運動量方向へのスピンに対応する．ヘリシティ演算子 (5.24) を使い，正および負エネルギー解のスピノル成分 $u_M(\boldsymbol{p}, s)$，$v_M(\boldsymbol{p}, s)$ が h の固有状態となるよう以下のように選ぶ：

$$hu_M(\boldsymbol{p}, s) = \frac{s}{2} u_M(\boldsymbol{p}, s), \quad hv_M(\boldsymbol{p}, s) = \frac{s}{2} v_M(\boldsymbol{p}, s) \qquad (s = \pm 1). \tag{5.25}$$

さらに，規格直交条件

$$u_M^\dagger(\boldsymbol{p}, s) u_M(\boldsymbol{p}, s') = v_M^\dagger(\boldsymbol{p}, s) v_M(\boldsymbol{p}, s') = 2E_p \delta_{ss'} \tag{5.26}$$

のもとで

$$\bar{u}_M(\boldsymbol{p}, s) u_M(\boldsymbol{p}, s') = -\bar{v}_M(\boldsymbol{p}, s) v_M(\boldsymbol{p}, s') = 2M\delta_{ss'} \tag{5.27}$$

$$\bar{u}_M(\boldsymbol{p}, s)\gamma_5 u_M(\boldsymbol{p}, s') = \bar{v}_M(\boldsymbol{p}, s)\gamma_5 v_M(\boldsymbol{p}, s') = 0 \tag{5.28}$$

$$\bar{u}_M(\boldsymbol{p}, s) v_M(-\boldsymbol{p}, s') = \bar{v}_M(-\boldsymbol{p}, s) u_M(\boldsymbol{p}, s') = 2|\boldsymbol{p}|\delta_{ss'} \tag{5.29}$$

などが成立するように $u_M(\boldsymbol{p}, s)$，$v_M(\boldsymbol{p}, s)$ を選ぶことができる[6]．ただし $\bar{u}_M = u^\dagger\gamma^0$，$\bar{v}_M = v^\dagger\gamma^0$ である．

以上でディラック場の古典的な解が得られたので，次にディラック場を量子化しよう．このために，まず式 (5.23) を使い $\psi(x)$ を

$$\psi(x) = \sum_{\boldsymbol{p}, s} \frac{1}{\sqrt{2E_p V}} \left[a_M(\boldsymbol{p}, s) u_M(\boldsymbol{p}, s) e^{-ip\cdot x} + b_M^\dagger(\boldsymbol{p}, s) v_M(\boldsymbol{p}, s) e^{ip\cdot x} \right]_{p^0 = E_p} \tag{5.30}$$

と展開する．ただし，前章と同じく周期境界条件をもつ体積 $V = L^3$ の立方体中の場を考え，運動量 $\boldsymbol{p}$ の各成分 p_i は整数 n_i に対し $p_i = 2\pi n_i / L$ と離散化されているものとし，計算の最後に $V \to \infty$ の極限をとる．

ここで，式 (5.30) に現れる展開係数 $a_M(\boldsymbol{p},\, s)$ と $b_M^\dagger(\boldsymbol{p},\, s)$ を量子的演算子とみなすことでディラック場が量子化される．以下では，量子的演算子であることを明示するために ˆ を付けて，$\hat{a}_M(\boldsymbol{p},\, s)$，$\hat{b}_M^\dagger(\boldsymbol{p},\, s)$ などと書く．ディラック粒

[6] 本書の以下の計算は関係式 (5.26)-(5.29) のみで完結するため，$u_M(\boldsymbol{p}, s)$，$v_M(\boldsymbol{p}, s)$ の具体的表式は書かない．具体的表式は，文献 [1] の 3.3 節などを参照されたい．

子はフェルミ粒子であるため，次の正準反交換関係を課す：

$$\{\hat{a}_M(\boldsymbol{p},\, s),\, \hat{a}_M^\dagger(\boldsymbol{p}',\, s')\} = \{\hat{b}_M(\boldsymbol{p},\, s),\, \hat{b}_M^\dagger(\boldsymbol{p}',\, s')\} = \delta_{\boldsymbol{p}\boldsymbol{p}'}\,\delta_{ss'}. \tag{5.31}$$

他はすべて反可換で，$\{\hat{a}_M(\boldsymbol{p},\, s),\, \hat{a}_M(\boldsymbol{p}',\, s')\} = 0$, $\{\hat{a}_M(\boldsymbol{p},\, s),\, \hat{b}_M^\dagger(\boldsymbol{p}',\, s')\} = 0$ とする．式 (5.31) を使うと，場の反交換関係

$$\begin{aligned} &\{\hat{\psi}_a(\boldsymbol{x}), \hat{\psi}_b^\dagger(\boldsymbol{y})\} = \delta(\boldsymbol{x}-\boldsymbol{y})\delta_{ab}, \\ &\{\hat{\psi}_a^\dagger(\boldsymbol{x}), \hat{\psi}_b^\dagger(\boldsymbol{y})\} = \{\hat{\psi}_a(\boldsymbol{x}), \hat{\psi}_b(\boldsymbol{y})\} = 0 \end{aligned} \tag{5.32}$$

が得られる（a，b はディラックスピノル成分を表す添字）．正エネルギー解に対応する $\hat{a}_M^\dagger(\boldsymbol{p},\, s)$ が表す励起を粒子，負エネルギー解に対応する $\hat{b}_M^\dagger(\boldsymbol{p},\, s)$ が表す励起を反粒子と呼ぶ．

ハミルトニアン (5.5) に式 (5.30) を代入して計算すると

$$\hat{H} = \sum_{\boldsymbol{p},s} E_p\Big(\hat{a}_M^\dagger(\boldsymbol{p},\, s)\hat{a}_M(\boldsymbol{p},\, s) - \hat{b}_M(\boldsymbol{p},\, s)\hat{b}_M^\dagger(\boldsymbol{p},\, s)\Big) \tag{5.33}$$

が得られ，$V \to \infty$ の極限をとり式 (4.13) で和を積分に置き換えると，

$$\hat{H} = V\int \frac{d^3p}{(2\pi)^3}\sum_s E_p\Big(\hat{a}_M^\dagger(\boldsymbol{p},\, s)\hat{a}_M(\boldsymbol{p},\, s) - \hat{b}_M(\boldsymbol{p},\, s)\hat{b}_M^\dagger(\boldsymbol{p},\, s)\Big) \tag{5.34}$$

となる．ここで，$b_M(\boldsymbol{p},\, s)$ に関する反交換関係 (5.31) を使うと

$$\begin{aligned} \hat{H} =& V\int \frac{d^3p}{(2\pi)^3}\sum_s E_p\Big(\hat{a}_M^\dagger(\boldsymbol{p},\, s)\hat{a}_M(\boldsymbol{p},\, s) + \hat{b}_M^\dagger(\boldsymbol{p},\, s)\hat{b}_M(\boldsymbol{p},\, s)\Big) \\ &- 2V\int \frac{d^3p}{(2\pi)^3}E_p \end{aligned} \tag{5.35}$$

が得られる．このようにすべての生成演算子を消滅演算子の左側に書いた演算子積を正規順序積と呼ぶ．

式 (5.35) の最後の項は負エネルギー粒子のエネルギー，いわゆる「ディラックの海」のエネルギーを表している．数学的にはこの項は発散積分だが，通常はエネルギーの原点を選ぶ任意性を使ってこの項を落とすことが行われる．しかし，次節で見る自発的対称性の破れが起こる場合のように真空の構造自体を

議論する必要があるときには，この項の存在は物理的に重要な内容を有しており無視できない[7]．本書で今後議論するのはまさにそのような状況であるため，以下ではハミルトニアンとして正規順序化前の式 (5.34) を使って議論を進めることにする．

5.1.3 $M=0$ と $M\neq 0$ の解の関係

式 (5.34) により，ディラック場のハミルトニアンが互いに独立な生成演算子 $\hat{a}_M^\dagger(\boldsymbol{p},r)$，$\hat{b}_M^\dagger(\boldsymbol{p},r)$ の組の和によって表された．これで自由ディラック場の量子論は完全に解けているのだが，ここであえて上で行ったのとは異なる量子化を行ってみよう．上では，質量 $M\neq 0$ のディラック方程式の解を使って場 $\psi(x)$ を展開し，係数を演算子とみなすことで量子化を行った．以下では，同じプロセスを質量 $M=0$ のディラック方程式の解で行うことを考える．

まず，$M=0$ のディラック方程式 $i\partial\!\!\!/\psi(x)=0$ の古典解を上で求めた質量 M での解と区別して，

$$\psi(x)=u_0(\boldsymbol{p},s)e^{-ip\cdot x},\quad \psi(x)=v_0(\boldsymbol{p},s)e^{ip\cdot x}\ \ (p^0=|\boldsymbol{p}|,\ s=\pm 1) \tag{5.36}$$

と書く．前と同じように $u_0(\boldsymbol{p},s)$ と $v_0(\boldsymbol{p},s)$ は正および負エネルギー解を表し，規格化条件も式 (5.26) と同様（ただし $M=0$）とする．これらの解を使い，$\hat{\psi}(x)$ を以下のように展開してみよう：

$$\hat{\psi}(x)=\sum_{\boldsymbol{p},s}\frac{1}{\sqrt{2|\boldsymbol{p}|V}}\Big(\hat{a}_0(\boldsymbol{p},s)u_0(\boldsymbol{p},s)\mathrm{e}^{-ip\cdot x}+\hat{b}_0^\dagger(\boldsymbol{p},s)v_0(\boldsymbol{p},s)\mathrm{e}^{ip\cdot x}\Big). \tag{5.37}$$

ただし $p^0=|\boldsymbol{p}|$ である．ここで式 (5.31) と同様に

$$\{\hat{a}_0(\boldsymbol{p},s),\hat{a}_0^\dagger(\boldsymbol{p}',s')\}=\{\hat{b}_0(\boldsymbol{p},s),\hat{b}_0^\dagger(\boldsymbol{p}',s')\}=\delta_{\boldsymbol{p}\boldsymbol{p}'}\,\delta_{ss'} \tag{5.38}$$

などの反交換関係を課せば，場の反交換関係 (5.32) も満たされ，ディラック場を量子化することができる．この量子化は，前章の手順と同様に正しい．

それでは，このように一見異なる 2 つの量子化の間にはどのような関係があ

---

[7] 量子場の理論の非摂動的定式化おいて現れる「有効ポテンシャル」に関係している [6].

るのだろうか．これを調べるため，ハミルトニアン (5.5) を $\hat{a}_0(\boldsymbol{p},s)$，$\hat{b}_0(\boldsymbol{p},s)$ を使って書き下してみよう．まず，式 (5.37) を使って $\int d^3x\hat{\bar{\psi}}(x)\hat{\psi}(x)$ を展開してみる．当面 $t=0$ を考えることにし，式 (5.29) を使うと

$$\int d^3\boldsymbol{x}\,\hat{\bar{\psi}}(\boldsymbol{x})\hat{\psi}(\boldsymbol{x}) = \sum_{\boldsymbol{p},s}\Big(\hat{a}_0^\dagger(\boldsymbol{p},s)\hat{b}_0^\dagger(-\boldsymbol{p},s) + \hat{b}_0(-\boldsymbol{p},s)\hat{a}_0(\boldsymbol{p},s)\Big) \tag{5.39}$$

が得られるので，これを式 (5.5) に代入するとハミルトニアンが次のように展開できることがわかる：

$$\begin{aligned}\hat{H} = \sum_{\boldsymbol{p},s}\Big[&|\boldsymbol{p}|\big(\hat{a}_0^\dagger(\boldsymbol{p},s)\hat{a}_0(\boldsymbol{p},s) - \hat{b}_0(-\boldsymbol{p},s)\hat{b}_0^\dagger(-\boldsymbol{p},s)\big)\\ &+ M\big(\hat{a}_0^\dagger(\boldsymbol{p},s)\hat{b}_0^\dagger(-\boldsymbol{p},s) + \hat{b}_0(-\boldsymbol{p},s)\hat{a}_0(\boldsymbol{p},s)\big)\Big].\end{aligned} \tag{5.40}$$

式 (5.40) は生成消滅演算子の二次形式だが，式 (5.33) と違い $\hat{a}_0^\dagger(\boldsymbol{p},s)\hat{b}_0^\dagger(-\boldsymbol{p},s)$ および $\hat{b}_0(-\boldsymbol{p},s)\hat{a}_0(\boldsymbol{p},s)$ という項を含んでいるため，粒子解と反粒子解が分離していない．そこで，第 4 章で BCS ハミルトニアンに対して行ったのと同様な操作で式 (5.40) を対角化してみよう．

まず，式 (5.40) を

$$\hat{H} = \sum_{\boldsymbol{p},s}(\hat{a}_0^\dagger(\boldsymbol{p},s),\hat{b}_0(-\boldsymbol{p},s))\begin{pmatrix}|\boldsymbol{p}| & M\\ M & -|\boldsymbol{p}|\end{pmatrix}\begin{pmatrix}\hat{a}_0(\boldsymbol{p},s)\\ \hat{b}_0^\dagger(-\boldsymbol{p},s)\end{pmatrix} \tag{5.41}$$

と行列形に書き直そう．これを対角化するには，

$$U_p\begin{pmatrix}|\boldsymbol{p}| & sM\\ sM & -|\boldsymbol{p}|\end{pmatrix}U_p^\dagger = \begin{pmatrix}E_p & 0\\ 0 & -E_p\end{pmatrix},\quad \begin{pmatrix}\hat{\alpha}(\boldsymbol{p},s)\\ \hat{\beta}^\dagger(-\boldsymbol{p},s)\end{pmatrix} = U_p\begin{pmatrix}\hat{a}_0(\boldsymbol{p},s)\\ \hat{b}_0^\dagger(-\boldsymbol{p},s)\end{pmatrix} \tag{5.42}$$

を満たすユニタリ行列 U_p で定義される演算子 $\hat{\alpha}(\boldsymbol{p},s)$，$\hat{\beta}(\boldsymbol{p},s)$ を使って $\hat{H}$ を書き直せばよく，以下が得られる：

$$\hat{H} = \sum_{\boldsymbol{p},s}E_p\Big[\hat{\alpha}^\dagger(\boldsymbol{p},s)\hat{\alpha}(\boldsymbol{p},s) - \hat{\beta}(\boldsymbol{p},s)\hat{\beta}^\dagger(\boldsymbol{p},s)\Big]. \tag{5.43}$$

また，ここで新たに導入された $\hat{\alpha}(\boldsymbol{p},s)$，$\hat{\beta}(\boldsymbol{p},s)$ は $\hat{a}_0(\boldsymbol{p},s)$，$\hat{b}_0(\boldsymbol{p},s)$ と同じ反交換関係を満たすことも式 (5.42) から容易に確かめられる．さらに，U_p は

$$\cos\theta_p = \frac{|\boldsymbol{p}|}{E_p}, \qquad \sin\theta_p = \frac{M}{E_p} \tag{5.44}$$

を満たす θ_p を用いて

$$U_p = \begin{pmatrix} \cos(\theta_p/2) & \sin(\theta_p/2) \\ -\sin(\theta_p/2) & \cos(\theta_p/2) \end{pmatrix} \tag{5.45}$$

と書ける．

ここで得られたハミルトニアン (5.43) は式 (5.33) そのものであり，このことから位相の自由度を除き $\hat{\alpha}(\boldsymbol{p},s) = \hat{a}_M(\boldsymbol{p},s)$，$\hat{\beta}(\boldsymbol{p},s) = \hat{b}_M(\boldsymbol{p},s)$ という対応関係があることがわかる．つまり，$M = 0$ と $M \neq 0$ のディラック粒子を生成する演算子は変換 (5.42) で結びついていることがわかった．この変換を 4.3 節で議論した BCS 理論におけるボゴリューボフ—ヴァラティン変換 (4.40) と見比べると，$M \neq 0$ と $M = 0$ の粒子の関係は BCS 理論の準粒子と粒子の関係とよく似ており，BCS 理論のギャップ $|\Delta|$ に質量 M が対応することがわかる．BCS 理論における準粒子は（スピンアップの）粒子の消滅演算子と（スピンダウンの）生成演算子の線型結合であり，その帰結として準粒子によって生成される状態は粒子数の固有状態ではなかった．これは，BCS 状態における $U(1)$ 対称性の自発的破れに密接に関係していたのであった．これに対し，式 (5.42) ではヘリシティ s が同じ粒子消滅演算子と反粒子生成演算子の線型結合になっている．ここでさらに，$M = 0$ のときはヘリシティ s とカイラリティが一致することを使うと [8)]，質量 M のディラック粒子はカイラリティの固有状態になっていないことに注意しよう．

なお，$M = 0$ と $M \neq 0$ の基底状態の状態ベクトルを $|0\rangle$ と $|M\rangle$ とすると，両者をつなぐユニタリ変換 (5.42) の演算子形式は，BCS 理論の場合の式 (4.56) と同様にして

$$\hat{\mathcal{U}} = \mathrm{e}^{\sum_{\boldsymbol{p},s}\{-\frac{\theta_p}{2}(a_0^\dagger(\boldsymbol{p},s)b_0^\dagger(-\boldsymbol{p},s) - b_0(-\boldsymbol{p},s)a_0(\boldsymbol{p},s))\}} \tag{5.46}$$

---

8) 文献 [11] の § 5.1 参照．

で与えられ [11,13,59][9)]，$\hat{a}_M(\boldsymbol{p},s)=\hat{\mathcal{U}}\hat{a}_0(\boldsymbol{p},s)\hat{\mathcal{U}}^\dagger$，$|M\rangle=\hat{\mathcal{U}}|0\rangle$ などと書ける．ただし，θ_p は式 (5.44) で定義したものである．

5.2 南部—ヨナラシニオ (NJL) 模型

次に，カイラル対称性が相互作用の効果によって自発的に破れる場合を具体的な模型を使って議論してみよう．ここでは，質量の軽い u，d クォークからなる QCD がもつ 2 フレーバーカイラル対称性 $\mathrm{SU}(2)_L\otimes\mathrm{SU}(2)_R$ を念頭に置き，ラグランジアンが以下で与えられる 2 フレーバー NJL 模型 [65] を採用する：

$$\mathcal{L}=\bar{q}(i\partial\!\!\!/-m)q+g\left[(\bar{q}q)^2+\sum_{k=1,2,3}(\bar{q}i\gamma_5\tau^k q)^2\right]. \tag{5.47}$$

ここに，τ^k $(k=1,2,3)$ はアイソスピンを表すパウリ行列であり，クォーク場 $q_i^a(x)$ は $N_c=3$ 個のカラー a $(a=r,g,b)$ と $N_f=2$ 個のフレーバー i ($i=$u, d) の自由度をもっており，式 (5.47) ではこれらの添字とその自由度に対する和は省略してある．それらを明示的に書くと，たとえば，

$$\bar{q}q\equiv\sum_{a=r,g,b}\sum_{i=\mathrm{u,d}}\bar{q}_i^a q_i^a,\quad \bar{q}i\gamma_5\tau^k q\equiv\sum_{a=r,g,b}\sum_{i,j=\mathrm{u,d}}\bar{q}_i^a\gamma_5(\tau^k)_{ij}q_j^a$$

となる．ただし，ここでもスピノルの添字は依然省略している．NJL 模型 (5.47) ではクォークと反クォークが右辺第 2 項の 4 点相互作用を介して相互作用しており，クォークと反クォークの間の相互作用が引力のとき結合定数 g は正である．また簡単のため，u，d カレントクォーク質量の縮退を仮定し，$m_u=m_d\equiv m$ とおく．

NJL ラグランジアン (5.47) の対称性について考察しよう．まず，式 (5.47) はクォーク場の位相変換

$$q\to e^{i\alpha}q \tag{5.48}$$

[9)] ボゴリュウーボフ—ヴァラティン変換 (4.56) と符号を変えていることに注意．

に対して不変である．すなわち，$\mathrm{U}(1)_V$ 対称性をもっている．この不変性のために，ベクトル場 $j^\mu(x)=\bar{q}(x)\gamma^\mu q(x)$ は連続の式

$$\partial_\mu j^\mu(x)=0 \tag{5.49}$$

を満たす保存カレントである [11]．$j^\mu(x)$ の時間成分はクォーク数密度 $j^0(x)=\bar{q}\gamma^0 q(x)$ である．

次に，カイラル変換 (5.19) について調べよう．前にも述べたように，ラグランジアンの運動項 $\bar{q}i\partial\!\!\!/ q$ はこの変換のもとで不変であり，質量項 $m\bar{q}q$ は不変でない．一方，式 (5.47) の 4 点相互作用項は，具体的に計算するとわかるように $\mathrm{U}(1)_V$ と $\mathrm{SU}(2)_L\otimes\mathrm{SU}(2)_R$ カイラル対称性を有するのだが，$\mathrm{U}(1)_A$ 軸性変換に対しては不変でない [10)]．これにより，$m=0$ とした場合の NJL 模型 (5.47) がもつ対称性は $\mathrm{U}(1)_V\otimes\mathrm{SU}(2)_L\otimes\mathrm{SU}(2)_R$ であり，QCD の対称性 (5.21) と同じになっている．

NJL 模型の結合定数 g は $[\mathrm{mass}]^{-2}$ の次元をもつため，この模型による量子補正に現れる紫外発散がいわゆるくりこみの処方で除去できない [1]．このため，有効理論としてのカットオフをループ積分に導入する必要がある．このようなカットオフは，NJL 模型が低エネルギー有効理論であることを反映して自然に現れるものである．カットオフを伴う相互作用の物理的な意味は次段落で詳しく議論するが，素朴には NJL 模型の 4 点相互作用はグルーオン交換によるクォーク間相互作用を到達距離がゼロの相互作用で代用したもの（図 5.1）と考えることができる．高エネルギースケールでは空間分解能の上昇に伴ってグ

10) 式 (5.47) の相互作用項は，$\mathrm{U}(2)_L\otimes\mathrm{U}(2)_R$ 対称性をもつ 4 点相互作用

$$\sum_{i=0}^{3}\left[(\bar{q}\tau_i q)^2+(\bar{q}i\gamma_5\tau_i q)^2\right] \tag{5.50}$$

と，$\mathrm{U}(1)_V\otimes\mathrm{SU}(2)_L\otimes\mathrm{SU}(2)_R$ 変換のもとで不変だが $\mathrm{U}(1)_A$ 対称性をもたない

$$\det_f[\bar{q}_{Li}q_{Rj}]=(\bar{q}_{Lu}q_{Ru})(\bar{q}_{Ld}q_{Rd})-(\bar{q}_{Lu}q_{Rd})(\bar{q}_{Ld}q_{Ru}) \tag{5.51}$$

の線型結合で構成されている．詳細は文献 [11] などを参照．ごく最近，高温におけるカイラル対称性の回復は実効的な軸性異常の回復を伴う可能性が格子 QCD シミュレーション [66] で指摘されている．この場合，高温領域における有効相互作用は，$\mathrm{U}(2)_L\otimes\mathrm{U}(2)_R$ 対称な式 (5.50) に変更すべきかもしれない．

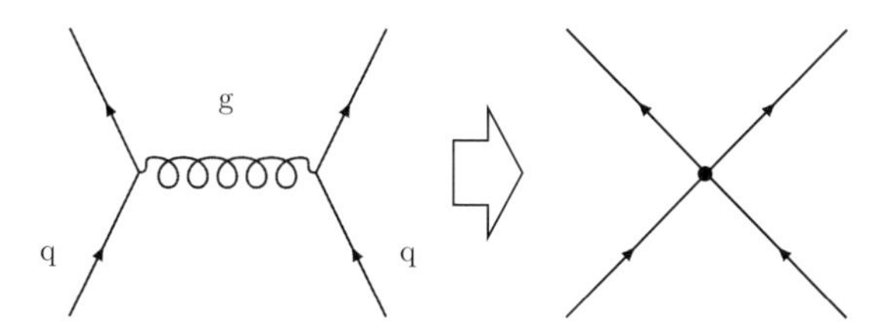

図 5.1　NJL 模型に現れる 4 点相互作用の素朴な説明.

ルーオンの到達距離が無視できなくなり，このような見方は妥当性を失う．一方，グルーオン交換によるクォーク間相互作用の強さは漸近自由性によりエネルギーの上昇とともに弱くなるため，4 点相互作用がグルーオン交換に由来するのであれば結合定数 g は高エネルギー（高運動量）では抑制されるべきである．ここで導入するカットオフは，素朴にはこの高運動量での相互作用の減少を模したものと解釈できる．

[有効理論におけるカットオフの物理的な意味についての発展的な補足]

NJL 模型と QCD のカイラル対称性との関係は BCS ハミルトニアンと超伝導の物理との関係に対応している．BCS ハミルトニアンにおける電子は，自由空間の電子そのものではなく微視的な相互作用の「衣」を着た（ランダウのフェルミ液体論 [67,68] での）「準粒子 (quasi particle)」である [11]．準粒子を構成するのに使われた以外の「残留相互作用」は弱いものとして扱うことができる．超伝導を引き起こす相互作用は微視的にはフォノンの媒介によるので非局所的であるが，低エネルギーの現象に限ればフォノン交換を「積分」して接触相互作用で近似できる．電子間にはクーロン斥力もはたらいているが，この効果はゼロレンジ相互作用の結合定数の「くりこみ」として現象論的に調節することができる．このような描像は低エネルギー領域でのみ適用可能なので，固有の「カットオフ」が存在する．これと対応して，カイラル対称性のダイナミクスに関係する「衣」を着たクォークの間の相互作用はゼロレンジの相互作用として近似できるであろう [59,69]．もう少し詳しく説明すると，摂動論的には（裸の）クォークはグルーオン交換によって相互作用しているのであるが，低エネ

[11] このランダウの意味での準粒子は，この章の冒頭で登場した超伝導状態の準粒子とは意味が違うことに注意．ランダウのフェルミ液体論については，たとえば，文献 [67,68] 参照.

ルギーではQCDの様々の非摂動的な効果[12]により，クォークは相互作用の衣を着た「(ランダウの意味での) 準粒子クォーク」となり，その準粒子クォーク間のカイラル対称な相互作用がNJL模型のクォーク間相互作用である．そして，そこで重要なことは，BCSハミルトニアンと同様，固有のエネルギー・運動量のカットオフが必然的に伴うことである．このように，カットオフは発散を避けるために仕方なく導入されたものと考えるべきものではなく，上でも述べたように理論が有効理論であるためにもつ物理的に意味のあるエネルギースケールである [11].

5.3 平均場近似による真空状態の決定

それでは，NJL模型(5.47)による真空状態（基底状態）の議論を始めよう．

ここでは，第4章で論じた超伝導のBCS理論にならって平均場近似を採用して議論を進めることにする[13]．まず，$|M\rangle$ を自己無撞着に決まる真空状態とし，スカラー演算子 $\bar{q}q$ がこの状態に対して期待値（平均場）

$$\sigma = -\langle\bar{q}q\rangle = -\langle M|\bar{q}q|M\rangle \tag{5.52}$$

をもつことを仮定しよう．

式(5.14)で見たように，演算子 $\bar{q}q$ はカイラル変換に対して不変でないので，式(5.52)で定義される σ は $\sigma \neq 0$ であればカイラル変換のもとで値を変える．すなわち，真空 $|M\rangle$ がカイラル変換のもとで不変ではない．このことを真空 $|M\rangle$ が $\mathrm{SU}(2)_L \otimes \mathrm{SU}(2)_R$ カイラル対称性を「自発的に破る」という[14]．この理由により，$\langle\bar{q}q\rangle$ をカイラル凝縮と呼ぶ．なお，カレントクォーク質量 m が有限の場合には擬スカラー演算子 $\bar{q}i\gamma_5\tau_i q$ の真空期待値は $\langle\bar{q}i\gamma_5\tau_i q\rangle = 0$ となること

[12] グルーオン場の非摂動的な配位であるインスタントン [63, 64] あるいは多重グルーオンが関与するプロセスなど．

[13] ここで説明する平均場近似と同じ結果は，経路積分形式における補助場の方法で定式化を行い，補助場が時間・空間的に一様であるとしても得られる．また，平均場近似はカラー数を $N_c \to \infty$ ととる極限では厳密に正当化できることが知られている [6].

[14] 参考文献 [59] の (2.30) 以下に具体的に説明されているように，このとき真空は様々の「カイラリティ」の状態の重ね合わせになっていおり，カイラリティの固有状態ではない．

が示せる [59]．$\bar{q}i\gamma_5\tau_i q$ はパリティ変換で符号を変えることに注意すると，これは真空がパリティ不変であることと整合的である．

平均場 (5.52) の存在を仮定し，式 (4.33) と同様に式 (5.47) の 4 点相互作用に対して平均場近似 $(\bar{q}q)^2 \simeq 2\bar{q}q\langle\bar{q}q\rangle - \langle\bar{q}q\rangle^2$ および $(\bar{q}i\gamma_5\tau_i q)^2 \simeq 0$ を行うと，平均場近似ラグランジアン

$$\begin{aligned}\mathcal{L}_{\mathrm{MF}} &= \bar{q}(i\partial\!\!\!/ - m - 2g\sigma)q - \sigma^2 \\ &= \bar{q}(i\partial\!\!\!/ - M)q - \frac{(M-m)^2}{4g}\end{aligned} \tag{5.53}$$

が得られる．ただし，

$$M = m + 2g\sigma \tag{5.54}$$

とおいた．式 (5.53) の最後の定数項は式 (4.34) の項 $|\Delta|^2/g$ と同様に理解できる．式 (5.53) は，定数項を除き質量 M のディラック場のラグランジアンに他ならない．したがって，式 (5.53) から導かれる運動方程式はディラック方程式 $(i\partial\!\!\!/ - M)q(x) = 0$ であり，平均場 $\langle\bar{q}q\rangle$ の効果によってクォーク場の励起が質量 M をもった準粒子へと変化することを意味する．ここに現れたクォーク準粒子の質量 M は**構成子クォーク質量**と呼ばれる．

以上で，平均場 (5.52) の存在により構成子クォーク質量 M が現れうることがわかった．しかし，ここまでの議論では実際に M がとる値は決められていない．M の値は，超伝導での BCS 理論で行ったのと同様に，真空のエネルギー，すなわち平均場近似ハミルトニアン H_{MF} の真空期待値 $\langle M|H_{\mathrm{MF}}|M\rangle$ が最小になるように決められる．そこで次に $\langle M|H_{\mathrm{MF}}|M\rangle$ を計算しよう．

$\mathcal{L}_{\mathrm{MF}}$ に対応するハミルトニアンは

$$H_{\mathrm{MF}} = \int d\boldsymbol{x}\left\{\bar{q}(-i\gamma\cdot\nabla + M)q + \frac{(M-m)^2}{4g}\right\} \tag{5.55}$$

である．前章で導入した質量 M の準粒子による運動量空間表示 (5.30) を使い，式 (5.33) の導出で行ったのと同じ計算を行うと

$$H_{\mathrm{MF}} = N_f N_c \sum_{\boldsymbol{p},s} E_p\left(a_M^\dagger(\boldsymbol{p},s)a_M(\boldsymbol{p},s) - b_M(\boldsymbol{p},s)b_M^\dagger(\boldsymbol{p},s)\right) + V\frac{(M-m)^2}{4g} \tag{5.56}$$

が得られる．ただし，$E_p = \sqrt{M^2 + p^2}$ であり，クォーク生成消滅演算子がもつフレーバーとカラーの自由度は省略し，これらの自由度からの寄与を足し上げた結果として因子 $N_f N_c$ が現れている．式 (5.56) と，真空状態 $|M\rangle$ が，

$$a_M(\boldsymbol{p}, r)|M\rangle = b_M(\boldsymbol{p}, r)|M\rangle = 0 \tag{5.57}$$

を満たすことを使うと，真空のエネルギー密度 $\langle H_{\mathrm{MF}}\rangle/V$ は

$$\begin{aligned}
\frac{\langle M|H_{\mathrm{MF}}|M\rangle}{V} &= -\frac{2N_f N_c}{V}\sum_{\boldsymbol{p}} E_p + \frac{(M-m)^2}{4g} \\
&\to -2N_f N_c \int_{|\boldsymbol{p}|<\Lambda} \frac{d^3\boldsymbol{p}}{(2\pi)^3} E_p + \frac{(M-m)^2}{4g} \\
&= -\frac{N_f N_c}{\pi^2}\int_0^\Lambda dp p^2 E_p + \frac{(M-m)^2}{4g}
\end{aligned} \tag{5.58}$$

と計算できる．ただし，2 行目では $V \to \infty$ の極限をとり，式 (4.13) によって運動量の和を積分に置き換えた．また，前に述べたようにここで現れる運動量積分は紫外発散しているため，この発散を避けるためのカットオフ Λ を 3 次元運動量積分の絶対値の上限に対して導入した [15]．さらに，エネルギー密度の原点を平均場の存在しない $\sigma = 0$（したがって $M = m$）での値にとることにして，この値を引き算した

$$\begin{aligned}
\mathcal{E}(M) &= \frac{\langle M|H_{\mathrm{MF}}|M\rangle}{V} - \frac{\langle m|H_{\mathrm{MF}}|m\rangle}{V} \\
&= -\frac{N_f N_c}{\pi^2}\int_0^\Lambda dp p^2 (E_p - \sqrt{m^2 + p^2}) + \frac{(M-m)^2}{4g}
\end{aligned} \tag{5.59}$$

を使って議論を進めよう．

　式 (5.59) の最小値では，$\mathcal{E}(M)$ の M での微分がゼロとなるので

$$\frac{d\mathcal{E}(M)}{dM} = -\frac{N_f N_c}{\pi^2}\int_0^\Lambda dp p^2 \frac{M}{E_p} + \frac{M-m}{2g} = 0 \tag{5.60}$$

---

15) ここで導入したカットオフ（3 次元カットオフと呼ばれる）は相対論的共変性を破っている．共変性を保つカットオフを導入することも可能だが，そのような処方を使っても最終的に得られる結果は定性的に変わらない（媒質中などで質量が変化するときは質量によって系の自由度が変化するため定量的には問題がある [11, 59]）．

が満たされる．式 (5.60) は M が満たす必要条件である．

BCS 理論の場合と同様に，これと同じ方程式は自己無撞着条件から得ることも可能である．式 (5.30) を使うと

$$\begin{aligned}&\int d^3x\bar{q}(x)q(x)\\&= N_fN_cV\int\frac{d^3p}{(2\pi)^3}\frac{1}{2E_p}\sum_s\Big\{2M\big(a^\dagger(\boldsymbol{p},s)a(\boldsymbol{p},s)-b(\boldsymbol{p},s)b^\dagger(\boldsymbol{p},s)\big)\\&\quad+2|\boldsymbol{p}|\big(a^\dagger(\boldsymbol{p},s)b^\dagger(-\boldsymbol{p},s)e^{2iE_pt}+b(-\boldsymbol{p},s)a(\boldsymbol{p},s)e^{-2iE_pt}\big)\Big\}\end{aligned}\tag{5.61}$$

が得られ，式 (5.61) の $|M\rangle$ による期待値をとることで

$$\sigma=-\langle M|\bar{q}q|M\rangle=2N_fN_c\int\frac{d^3p}{(2\pi)^3}\frac{M}{\sqrt{M^2+p^2}}\tag{5.62}$$

が得られる．これを M の定義式 (5.54) に代入すると，式 (4.48) に対応して M に対する自己無撞着方程式が得られ，これは式 (5.60) に一致する．これらの議論が 4.3 節でギャップ $|\Delta|$ を求めた際の議論と同じ構造をしているので，NJL 模型の場合にも，式 (5.60) はギャップ方程式と呼ばれる．

次に，エネルギー密度 (5.59) を最小化する M を具体的に計算してみよう．まずはじめに，理論が厳密なカイラル対称性をもつ $m=0$ の場合から考察を始めよう．$m\to 0$ の極限はしばしば**カイラル極限**と呼ばれる．このとき，ギャップ方程式 (5.60) は明らかに $M=0$ を解にもつので，この解を自明な解と呼ぶことにする．式 (5.60) が $M\neq 0$ にこれ以外の解をもつかどうかは，結合定数 g と Λ の関係に依存する．$m=0$ のとき，式 (5.60) の両辺を M で割って整理すると，

$$\frac{\pi^2}{2N_fN_cg}=\int_0^\Lambda dp\frac{p^2}{E_p}\tag{5.63}$$

となるが，この式の右辺は $M=0$ では $\int_0^\Lambda dpp=\Lambda^2/2$ であり，かつ $M>0$ において M の減少関数なので，ギャップ方程式が $M\neq 0$ の非自明な解をもつのは $\pi^2/(2N_fN_cg)<\Lambda^2/2$ のとき，すなわち結合定数 g が臨界値

$$g_c=\frac{\pi^2}{N_fN_c\Lambda^2}\tag{5.64}$$

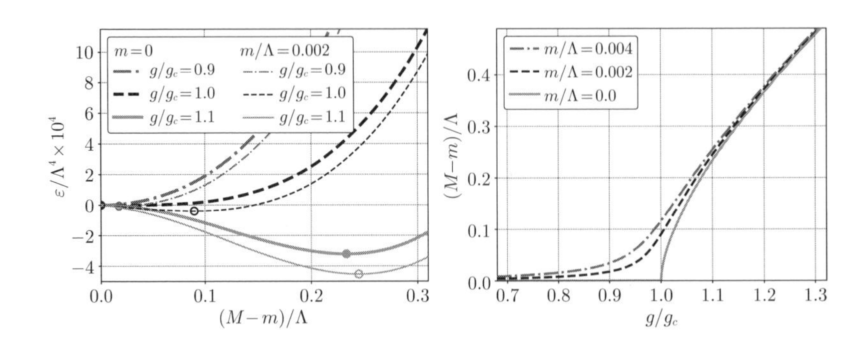

図 5.2　左：NJL 模型の真空状態のエネルギー密度 $\mathcal{E}(M)$ の M 依存性．$g/g_c = 0.9$, 1.0, 1.1 に対する結果．太線は $m = 0$，細線は $m/\Lambda = 0.002$ の場合．丸印は各パラメータでの $\mathcal{E}(M)$ の最小値．右：M の g 依存性．

より大きい場合に限られることがわかる．この場合，$M = 0$ の自明な解と，$M \neq 0$ の非自明な解のいずれかの M で $\mathcal{E}(M)$ が最小となるが，$g > g_c$ では

$$\lim_{M\to 0} \frac{1}{M}\frac{d^2\mathcal{E}(M)}{dM^2} < 0$$

から $\mathcal{E}(M)$ の $M = 0$ における極値は極大値になるので [11]，$M \neq 0$ の解が真空として実現する．したがって，真空が有限のカイラル凝縮

$$\langle \bar{q}q \rangle \neq 0$$

をもち，カイラル対称性が自発的に破れた状態が実現する．一方，$g < g_c$ では $M = 0$ が真空として実現し，カイラル対称性の自発的破れは起こらない．

以上のことをより具体的に見るために数値計算によって $\mathcal{E}(M)$ の構造を調べてみよう．図 5.2 左に，$m = 0$ でのエネルギー密度 $\mathcal{E}(M)$ をいくつかの g に対して太線で示した．ただし，この図ではすべての次元量を Λ で無次元化して示してある．この図から，$g > g_c$ では $\mathcal{E}(M)$ の最小値が確かに $M \neq 0$ に存在するのに対し，$g < g_c$ では $M = 0$ が最小値になることが読み取れる．M の g 依存性をよりあらわに見るために，図 5.2 右に $\mathcal{E}(M)$ の最小値の g 依存性を実線で示した．この図からも，$g > g_c$ で $M \neq 0$ となりカイラル対称性が自発的に破れることがわかる．

ところで，第 4 章で調べた BCS 理論では，$T = 0$ の基底状態は結合定数の値

によらず超伝導状態であった．一方，NJL 模型では自発的対称性の破れが起こる結合定数に臨界値 g_c が存在する．この違いは，状態密度の構造の違いによって生じる．BCS 理論の場合にはフェルミ面上で状態密度 N_0 が存在することにより，ギャップ方程式 (4.47) の右辺が $|\Delta| \to 0$ で発散した．一方，本章で得たギャップ方程式 (5.60) では BCS 理論のフェルミ運動量に対応する $\boldsymbol{p} = 0$ で状態密度が消えることにより，式 (5.60) の積分が $M \to 0$ で発散しない．この違いが，臨界結合定数の有無の原因となっている．

次に，カレント質量 m が $m \neq 0$ の場合を調べよう．この場合，NJL 模型は厳密なカイラル対称性をもたない．このときは，$\sigma = 0$ がギャップ方程式の解ではないことが式 (5.60) からただちにわかる．したがって，常に有限のカイラル凝縮 $\sigma \neq 0$ が存在する．図 5.2 左に，$m/\Lambda = 0.002$ でのエネルギー密度 $\mathcal{E}(M)$ をいくつかの g に対して細線で示した．また，図 5.2 右には，$m/\Lambda \neq 0$ の場合の M の g 依存性を示してある．これらの図からも，g の値によらず，常に $\sigma > 0$ に最小値が存在することが読み取れる．また，$g \lesssim g_c$ では σ の値が比較的小さいのに対し，$g > g_c$ では $m = 0$ での結果に追従するようにカイラル凝縮が増大することがわかる．この結果からわかるように，対称性が陽に破れている場合でも，破れの効果が小さければ，系の物理的性質を厳密な対称性がある場合を基礎にして考察できる．

5.4 有限温度・有限バリオン数密度の相構造

次に，上で行った議論を有限温度・有限バリオン数密度系に拡張し，媒質中でのカイラル対称性の自発的破れと回復を考察しよう．このために，温度 T，クォーク化学ポテンシャル μ_q のグランドカノニカル分布を採用して計算を行う．

まず，全クォーク数 N_q を導入しておこう．全クォーク数は $U_V(1)$ 対称性に付随した保存電荷（式 (5.49) 参照）の空間積分であり [16]

[16] 通常，クォーク数演算子は反交換関係を使って正規順序積に表した次の表式が使われる：

$$N_q = N_f N_c \sum_{\boldsymbol{p},s} \left(a_M^\dagger(\boldsymbol{p},s) a_M(\boldsymbol{p},s) - b_M^\dagger(\boldsymbol{p},s) b_M(\boldsymbol{p},s) \right). \tag{5.65}$$

$$
\begin{aligned}
N_q &= \int d^3x \bar{q}(x)\gamma^0 q(x) \\
&= N_f N_c \sum_{\boldsymbol{p},s} \left(a_M^\dagger(\boldsymbol{p},s) a_M(\boldsymbol{p},s) + b_M(\boldsymbol{p},s) b_M^\dagger(\boldsymbol{p},s) \right)
\end{aligned}
\tag{5.66}
$$

で与えられる．ハミルトニアン H_{MF} とクォーク数 N_q を用いて

$$
\begin{aligned}
&K_{\mathrm{MF}}(M) \\
&= H_{\mathrm{MF}} - \mu_q N_q \\
&= N_f N_c \sum_{\boldsymbol{p},s} \Big((E_p - \mu_q) a_M^\dagger(\boldsymbol{p},s) a_M(\boldsymbol{p},s) - (E_p + \mu_q) b_M(\boldsymbol{p},s) b_M^\dagger(\boldsymbol{p},s) \Big) \\
&\quad + V \frac{(M-m)^2}{4g}
\end{aligned}
\tag{5.67}
$$

を定義すると，グランドカノニカル分布の熱力学ポテンシャルは $\Omega(M) = -T\ln Z,\ Z = \mathrm{Tr}[\exp(-\beta K_{\mathrm{MF}}(M))]$ と書くことができる．ハミルトニアン (5.67) は独立なフェルミオン生成消滅演算子の運動量とヘリシティの和で与えられるので，$\Omega(M)$ を得るには 4.3 節と同様に各自由度がもたらす寄与の和をとればよく，この計算により以下が得られる：

$$
\begin{aligned}
\Omega(M) =& -2N_f N_c \sum_{\boldsymbol{p}} \Big(E_p + T\ln(1 + e^{-(E_p-\mu_q)/T}) + T\ln(1 + e^{-(E_p+\mu_q)/T}) \Big) \\
& + V \frac{(M-m)^2}{4g}.
\end{aligned}
\tag{5.68}
$$

体積無限大の極限をとり，運動量に関する和を積分に置き換えると，単位体積あたりの熱力学ポテンシャル $\omega(M) = \Omega(M)/V$ は

$$
\begin{aligned}
\omega(M) =& -2N_f N_c \int \frac{d^3\boldsymbol{p}}{(2\pi)^3} \Big(E_p + T\ln[(1 + e^{-(E_p-\mu_q)/T})(1 + e^{-(E_p+\mu_q)/T})] \Big) \\
& + \frac{(M-m)^2}{4g}
\end{aligned}
\tag{5.69}
$$

となる．

式 (5.69) を M で微分すると，有限温度のギャップ方程式

式 (5.65) は，式 (5.66) と無限大の定数だけ異なる．ただし，この定数は平均場 $\sigma = \langle \bar{q}q \rangle$ の値に依存しないので，両者の違いは本章の議論には影響しない．

$$
\begin{aligned}
\frac{d\omega(M)}{dM} =& -2N_f N_c \int \frac{d^3\boldsymbol{p}}{(2\pi)^3} \frac{M}{E_p}\Big(1 - f(E_p - \mu_q) - f(E_p + \mu_q)\Big) \\
&+ \frac{(M-m)}{2g} = 0
\end{aligned} \tag{5.70}
$$

が得られる．これと同じ結果は，期待値 $\sigma = -\langle \bar{q}q \rangle$ をグランドカノニカル分布で計算して，$M = m + 2g\sigma$ （式 (5.54)）に代入しても得られる（自己無撞着条件）．

カイラル凝縮 $\langle \bar{q}q \rangle$ が T，μ_q の関数としてどのように振る舞うかを見るためには，各 T，μ_q に対して $\omega(M)$ の最小値を求める必要がある．有限温度のギャップ方程式を解析的に解くのは困難なので，ここからは数値計算を使って計算を進めることにしよう．また，数値計算結果を物理次元で議論するため，ここで模型のパラメータを具体的に決めることにする．まずカイラル極限 $m = 0$ を考えることとし，

$$
\Lambda = 631 \text{ MeV}, \quad g = 5.5 \text{ GeV}^{-2}, \quad m = 0 \tag{5.71}
$$

を採用しよう [59]．このパラメータは $g > g_c$ を満たしているため，真空ではカイラル対称性が自発的に破れる．また，式 (5.71) を使うと真空での構成子クォーク質量が $M \simeq 322$ MeV となり，$3M$ が核子の質量 $m_N = 939$ MeV に近い値をとる．式 (5.71) のパラメータはこの M に対する条件に加え，第 7 章で議論する真空での π 中間子の質量および崩壊定数から決められたパラメータである [11,59]．また，式 (5.71) の Λ は QCD の典型的なスケール $\Lambda_{\rm QCD}$ の約 3 倍であり，このパラメータを採用した NJL 模型は QCD の $\Lambda_{\rm QCD}$ 程度のエネルギースケールの有効理論として自然である．

5.4.1 熱力学ポテンシャルとカイラル凝縮の温度依存性

図 5.3 左に，$\mu_q = 0$ として T を変化させたときの熱力学ポテンシャル $\omega(M)$ の振舞いを示す．ただし，$\omega(M)$ の原点は $\omega(0) = 0$ となるように選んである．この図から，$T = 0$ で $M \simeq 322$ MeV だった構成子クォーク質量は温度の上昇に伴って次第に減少し，ある臨界温度 $T = T_c$ で $M = 0$ となることがわかる．つまり，真空で破れていたカイラル対称性が回復する相転移が $T = T_c$ で起こ

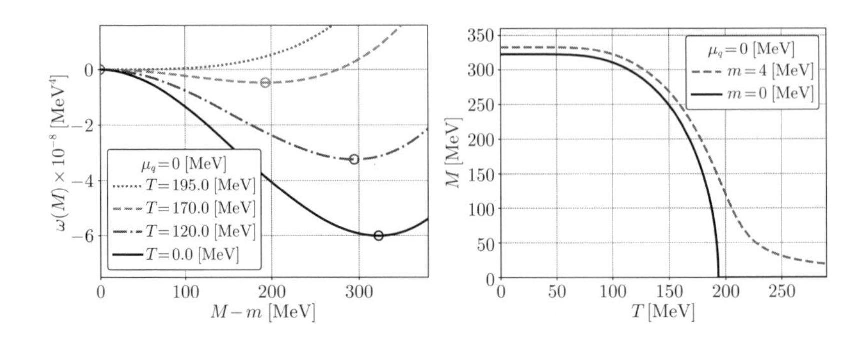

図 5.3　左：いくつかの温度 T での熱力学ポテンシャル密度 $\omega(M)$．右：構成子クォーク質量 M の T 依存性．いずれも $\mu_q = 0$ の結果．

り，数値計算から，$T_c \simeq 193$ MeV が得られる．この M の温度依存性を T の関数として示したのが図 5.3 右である．この図から，M は連続的に変化し，かつ $T = T_c$ で 1 階微分が不連続なので，この相転移は二次相転移であることがわかる [17]．また，M あるいは $\langle\bar{q}q\rangle$ はカイラル相転移の秩序変数である．

図 5.3 右には，パラメータ (5.71) の Λ と g を固定したままカレントクォーク質量だけを $m = 4$ MeV とした場合の結果も点線で示してある．この場合にも，M の定性的な振舞いは $m = 0$ の場合に近いが，高温でもカイラル凝縮がゼロになることはなく，M は連続的かつなめらかに変化する．つまり，この場合の相転移はクロスオーバーである．

ここで，格子 QCD 数値計算で得られたカイラル凝縮 $\langle\bar{q}q\rangle$ の温度依存性を見てみよう．ただし，格子上でのカイラル凝縮 $\langle\bar{q}q\rangle$ の計算は慎重な操作が必要であるため，ここでは格子上で計算しやすい量を $\langle\bar{q}q\rangle$ の代用として使った結果を見る．そのような量として，$\tilde{\Delta} = \langle\bar{q}_u q_u\rangle - (m/m_s)\langle\bar{q}_s q_s\rangle$ なる量を定義する [72]．$m_u/m_s \ll 1$ では $\tilde{\Delta} \simeq \langle\bar{q}q\rangle$ である．さらに $\Delta = \tilde{\Delta}/\tilde{\Delta}_{T=0}$ として $T = 0$ で 1 になるよう正規化した量を温度 T の関数として示したのが図 5.4 である [73]．この図から，温度の上昇に伴いカイラル凝縮が減少し，対称性が回復する方向

[17] この二次相転移という結果は平均場近似の結果として得られたものである．平均場近似を超えた計算を行い，かつ軸性異常が $T = T_c$ で有効的に回復する場合，相転移の次数が一次になる可能性が指摘されている [70]．また，$N_f = 3$ の場合は平均場近似では二次相転移が得られるが，平均場近似を超えた計算では一次相転移となることが知られている [71]．

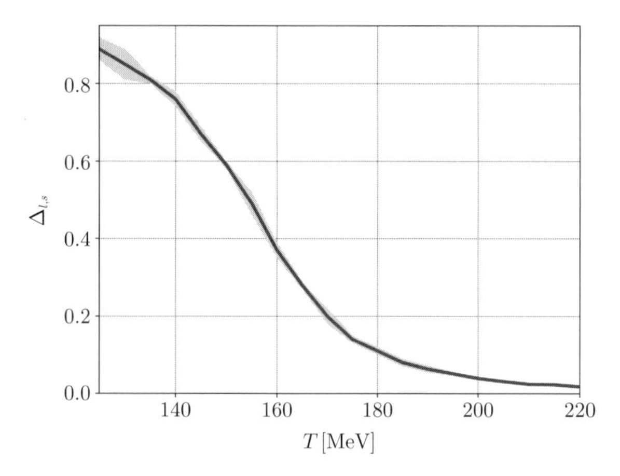

図 5.4 カイラル凝縮の温度依存性に関する格子 QCD 計算結果 [73]．縦軸の $\Delta_{l,s}$ はカイラル凝縮の代用として定義された量（本文参照）．カイラル対称性が回復した状態では $\Delta_{l,s} = 0$ となる．

に向かうことがわかる．この結果を図 5.3 右の $m = 4$ MeV の場合と比較すると，よく似ていることがわかる．真空の性質を再現するために決めたパラメータ (5.71) による NJL 模型の有限温度での振舞いが QCD の第一原理計算の結果を半定量的に再現することは，この模型が簡単ながら QCD の低エネルギー模型として有用であることを示唆している．

5.4.2 有限密度系の解析と QCD 臨界点の出現

次に，温度を $T = 0$ に固定して μ_q を変化させて同様な解析をしてみよう．図 5.5 左に，カイラル極限 $m = 0$ でのいくつかの μ_q に対する $\omega(M)$ を示した．この図からわかるように，図 5.3 とは異なり，μ_q を大きくしていくと $\mu_q \simeq 325$ MeV で $\omega(M)$ には $M = 0$ と $M \neq 0$ の 2 つの極小値が出現し，臨界値 $\mu = \mu_{q,c} \simeq 330$ MeV で最小値が入れ替わる．これにより，$\omega(M)$ の最小値は $\mu = \mu_{q,c}$ で図 5.5 右に示すように不連続に変化する．すなわち，この相転移は**一次相転移**である．図 5.5 右には $m = 4$ MeV とした場合の M の μ_q 依存性も点線で示したが，この場合も M が不連続に変化する一次相転移が存在することがわかる．

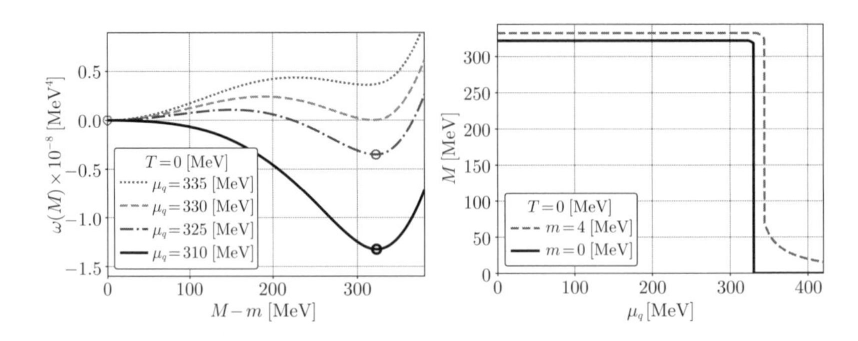

図 5.5　左：いくつかのクォーク化学ポテンシャル μ_q での熱力学ポテンシャル密度 $\omega(M)$. 右：構成子クォーク質量 M の μ_q 依存性．いずれも $T=0$ の結果（口絵 3 参照）.

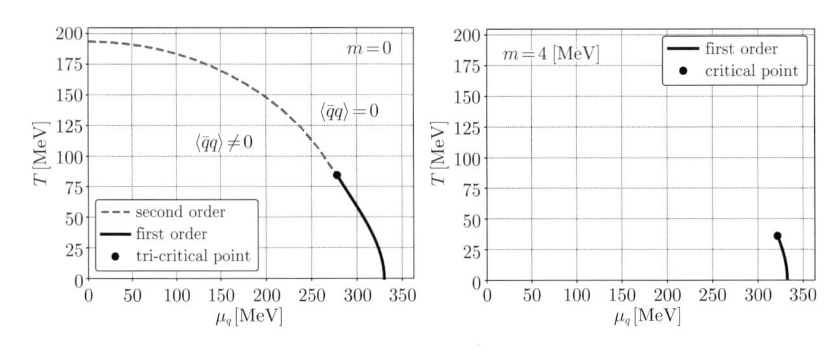

図 5.6　NJL 模型による T-μ_q 平面上の相図．左はカイラル極限 ($m=0$)，右はカレントクォーク質量が有限 ($m=4$ MeV) の場合の結果．実線は一次相転移．破線は二次相転移.

以上のような操作を様々な T，μ_q の組に対して行うことで，カイラル相転移の T-μ_q 平面上での様相が解析できる．この結果を相図として示したのが図 5.6 である．左に示した $m=0$ の場合には，T，μ_q が大きいときにはカイラル対称性が完全に回復した $M=0$ の状態が実現するので，カイラル対称性が破れた真空との間は必ず二次もしくは一次の相転移線で隔てられる．この相転移の次数は，高温領域では二次転移だが，高密度領域では一次転移へと変化する [74]. 相転移の次数が一次から二次に変わる点は三重臨界点 (tri-critical point) と呼ばれ，その位置は $(T_c,\mu_{q,c})\simeq(84\ \mathrm{MeV},279\ \mathrm{MeV})$ である.

一方，右に示した $m=4$ MeV の場合には μ_q が小さいときはクロスオーバー転移であり，明快な相境界は存在しない．この場合は常に $\langle\bar{q}q\rangle \neq 0$ であるため，対称性の破れた相と回復相は明確に区別できないことを反映している．しかし，この場合にも高密度領域には一次相転移が存在しており，$m = 0$ の一次相転移の名残りとみなすことができる．クロスオーバーに至る一次相転移の終点は一般に臨界点 (critical point) と呼ばれ，この点上の相転移は二次相転移である．

ここでは NJL 模型の平均場近似による相図の解析を示したが，QCD のカイラル対称性を尊重した多くの同様な有効模型による相構造の解析の結果は，高密度領域に図 5.6 のような一次相転移が現れることを示している [59, 74–76]．このことから，現実の QCD においても低温・高密度領域にこのような一次相転移が存在すると多くの研究者が予想している．第 3 章での議論や図 5.4 で示したように，格子 QCD 数値計算は $\mu_q = 0$ ではクロスオーバー転移なので，高密度領域に一次相転移が存在するならば，必ず相転移線の端点，すなわち臨界点が存在する．この臨界点は **QCD 臨界点**と呼ばれる．

ただし，図 5.6 の相図は今回採用した NJL 模型の特定のパラメータ (5.71) で得られた結果にすぎないことに注意したい．実際，パラメータを変えれば相転移の密度や温度は変化するし，一次相転移が消失することもある．また，NJL 模型 (5.47) は QCD の $\mathrm{U}(1)_V \otimes \mathrm{SU}(2)_L \otimes \mathrm{SU}(2)_R$ カイラル対称性を尊重して構成した模型だが，この対称性を維持したまま他の項をこの模型に付加することも可能である．たとえば，ベクトル型相互作用 $\mathcal{L}_V = g_V(\bar{q}\gamma^\mu q)^2$ は $\mathrm{U}(2)_L \otimes \mathrm{U}(2)_R$ 対称のため，対称性の観点からはこの項を式 (5.47) に加えることが許される [15, 38]．この項の存在は対称性の観点から自然であるだけでなく，現象論的にもこのような項が存在する方がむしろ望ましい [38]．ベクトル型相互作用 $\mathcal{L}_V$ を取り入れた場合，結合定数 g_V を大きくしていくと高密度の一次相転移が消失し，全域でクロスオーバーとなることや，$\mathcal{L}_V$ 項の他に次節で取り扱うカラー超伝導の効果も取り入れると図 5.7 に示すように QCD 臨界点が複数個相図上に出現する可能性も指摘されている [15, 17, 77, 78][18]．

また，本章では空間的に一様な凝縮のみを考えたが，空間的に非一様な凝縮

[18] ベクトル型相互作用はクォーク物質の状態方程式を「硬く」する効果があり，この相互作用の強さによっては中性子星内部にクォーク物質が存在しうることが指摘されている [39, 79, 80]．

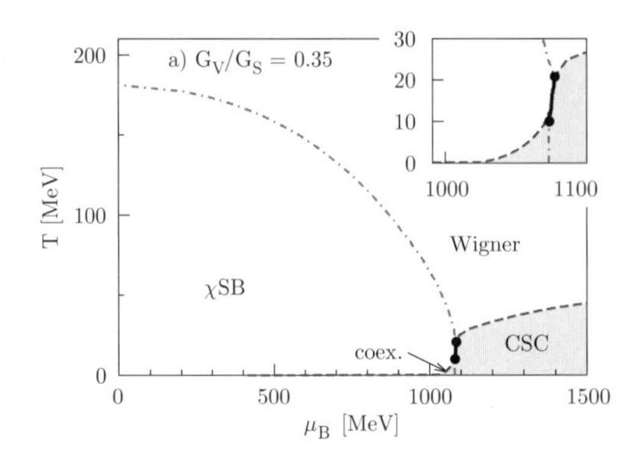

図 5.7　ベクトル型相互作用 $\mathcal{L}_V$ を取り入れた NJL 模型による T-μ_B 平面上での相図の例 [15]．実線は一次相転移．一次相転移が高温側と低温側の双方に臨界点をもつ（口絵 4 参照）．

が安定状態として現れる可能性も指摘されている．さらに，平均場のゆらぎを取り入れた計算や，汎関数くりこみ群に基づく解析など，平均場近似を越えた計算も行われている [19]．

高密度領域の相構造は現状では明確なことはわかっておらず，一次相転移や QCD 臨界点は存在するかもしれないし，しないかもしれない．しかし，もし存在するのであれば極めて興味深い研究対象である．それは，QCD の真空構造を特徴づけるカイラル凝縮が物質によって破壊されるという人類が未だ観測したことのない相転移現象であり，実験的な検証ができれば物質と真空という人類の物質観を覆す重要な発見となる．また，この相転移が起こる密度を身近な単位系で表すとおよそ 10^{15} g/cm^3 であり，われわれにとって最も身近な一次相転移である水の液気相転移 (1 g/cm^3) と 15 桁隔てた密度で起こる相転移現象である．これだけスケールを隔てた系における一次相転移の確認は，統計力学の普遍性の検証という観点からも興味深い．当然ながら，高密度物質に関する知見は中性子星の物理を進めるうえでも有益である．このような理由により，高密度 QCD の相構造の探求は，有限温度・密度における QCD 研究の中でも最も重要な研究課題の 1 つであり，重イオン衝突実験や格子 QCD 数値解析の中心的な動機の 1 つとなっている．

[19] 文献 [81] およびそこに引用されている文献を参照．

5.5 カラー超伝導

以上ではクォーク物質中でのカイラル対称性の自発的破れとその回復に注目して議論を進めてきたが，高温・高密度系ではカイラル凝縮 $\langle \bar{q}q \rangle$ 以外の凝縮や，それに伴う相転移も可能であり，これらも考慮すると QCD の相構造はより複雑な様相を呈することになる．

そのような相転移現象の中でも興味深いのが，カラー超伝導と呼ばれる，クォークがクーパー対を組むことで作られる物質状態である [14,82]．第 4 章で見たように，フェルミ面付近に引力相互作用が存在するフェルミ粒子系では $T = 0$ の物質は超伝導状態になる．クォークはフェルミ粒子であるため，高密度のクォーク物質はフェルミ面を形成するが，フェルミ面付近のクォーク間相互作用を摂動論的に評価するとカラー反対称チャンネルに引力相互作用が存在することがわかる [14]．このため，少なくとも高密度の極限で極低温のクォーク物質は超伝導状態となる．このとき，超伝導電流として輸送されるのはカラー電荷である．そこで，このような状態をカラー超伝導状態と呼ぶ．

電子系の超伝導と比較した，カラー超伝導の興味深い特徴の 1 つは，クォークがフレーバー，スピン，そしてカラーという大きい内部自由度をもっていることにより，その内部状態の組合せにより様々な超伝導状態が実現可能なことである [14,82]．例として，密度が比較的低く u，d クォークの自由度のみを考えればよいときには，2SC (2-flavor superconductor) と呼ばれる超伝導状態が実現するのに対し，s クォークのカレントクォーク質量が無視できる程度に μ_q が大きく u，d，s クォークが縮退したフェルミ球を形成するとみなせる超高密度では CFL (color-flavor locked) 相と呼ばれる状態が実現することが知られている [83]．また，クォークはフレーバーごとに異なる質量と電荷をもつため，たとえば後述する中性子星内部のような系では異なる大きさのフェルミ球をもつクォーク間の対形成の問題になり，非常に複雑な相構造が実現することが指摘されている [14, 77, 78, 84–87]．

ここでは，比較的低密度における u，d クォークからなる 2 フレーバークォーク物質を考え，そこで実現する 2SC と呼ばれるカラー超伝導を NJL 模型を使って考察してみよう[20]．クォーク間にはたらく相互作用を摂動論的に評価すると引力相互作用がはたらくのはカラー反対称チャンネルでなので，クォークの対凝縮はこのチャンネルで起こるものとする．スピンについては BCS 理論と同様にスピン反対称（全スピン 0）に組まれるものとすると，パウリ原理からフレーバーも反対称であることが要請される．これらすべてを考慮すると，結局

$$\bar{q}i\gamma_5\tau_2\lambda_A q^c \tag{5.72}$$

という演算子が凝縮して有限の期待値をもつことになる．ただし，この表式ではクォーク場のスピノル，カラー，フレーバーの足を省略してあり，

$$q^c \equiv C\bar{q}^T = i\gamma^0\gamma^2\bar{q}^T \tag{5.73}$$

は荷電共役なクォーク演算子，τ_2 は前と同じくフレーバー空間に作用するパウリ行列，λ_A はカラー空間に作用する SU(3) 生成子の反対称成分を表す．式 (5.72) は，クォーク生成演算子の積 $q^\dagger q^\dagger$ のカラー，スピン，フレーバーの自由度をすべて反対称になるように組み合わせたものである．具体的に λ_i をゲルマン行列にとると，添字 A は以下の $A = 2, 5, 7$ を走ることになる:

$$\lambda_2 = \begin{pmatrix} 0 & -i & 0 \\ i & 0 & 0 \\ 0 & 0 & 0 \end{pmatrix}, \ \lambda_5 = \begin{pmatrix} 0 & 0 & -i \\ 0 & 0 & 0 \\ i & 0 & 0 \end{pmatrix}, \ \lambda_7 = \begin{pmatrix} 0 & 0 & 0 \\ 0 & 0 & -i \\ 0 & i & 0 \end{pmatrix}. \tag{5.74}$$

式 (5.72) の凝縮が起こる効果を議論するために，以下のように NJL 模型を拡張しよう．

$$\begin{aligned} \mathcal{L} =& \bar{q}i\gamma\cdot\partial q + g[(\bar{q}q)^2 + (\bar{q}i\gamma_5\vec{\tau}q)^2] \\ &+ g_D\sum_A(\bar{q}^c i\gamma_5\tau_2\lambda_A q)(\bar{q}i\gamma_5\tau_2\lambda_A q^c). \end{aligned} \tag{5.75}$$

ここで g_D に比例する最終項はクォーク間相互作用を表し，

[20] 4.3 節で議論した金属超伝導の場合と同様に，より正確な記述のためにはゲージ場（グルーオン場）のゆらぎも考慮にいれる必要がある．グルーオン場のゆらぎの効果により，カラー超伝導の相転移が一次相転移になりうることが示されている [88–92].

$$\bar{q}^c i\gamma_5\tau_2\lambda_A q = (\bar{q}i\gamma_5\tau_2\lambda_A q^c)^\dagger$$

である．また簡単のため，ここでは $m=0$ の場合を考えることにする．

式 (5.75) に対し，カイラル凝縮による平均場 $\sigma = -\langle\bar{q}q\rangle$ に加えてクォーク対（ダイクォーク）の作る平均場

$$\Delta \equiv -2g_D\langle\bar{q}i\gamma_5\tau_2\lambda_2 q^c\rangle$$

の存在を仮定して前と同様に平均場近似を行うと [21]，

$$\begin{aligned}\hat{K}_{\mathrm{MFA}} &= \int d^3\mathbf{x}\,\Big[\bar{q}[-i\vec{\gamma}\cdot\vec{\nabla} + M - \mu_q\gamma_0]q \\ &\quad + \frac{1}{2}(\Delta^*\bar{q}^C i\gamma_5\tau_2\lambda_2 q + \mathrm{h.c.}) + \frac{M^2}{4g} + \frac{|\Delta|^2}{4g_D}\Big] \qquad (5.76)\end{aligned}$$

が得られる．

ここでカラー 3 成分を赤 (R)，緑 (G)，青 (B) として (R,G,B) と表現すると，式 (5.74) の λ_2 の構造から凝縮 Δ はカラーが R，G のクォーク間で起こっており，カラー B のクォークは対形成に関与しない．したがって，ギャップをもつ 2 種類のクォーク準粒子と，もたない準粒子が共存している．このような状態を 2SC (2-flavor superconductor) と呼び，u，d クォークのみが関与するクォーク物質中で実現するカラー超伝導として最も広く議論されている状態である [14].

式 (5.76) は，第 4 章で行ったのと同様に運動量空間に移行したうえで南部—ゴリコフスピノル $\Psi = {}^t(q, q^c)$ を用いて整理することで対角化できる．ただし，クォークが $4N_fN_c$ 個の内部自由度をもつことに対応して対角化すべき行列が巨大になり，問題が複雑になる．この対角化を行うと，超伝導に関与しないカラー B のクォークは $\xi_\pm = E_p \pm \mu_q$，ギャップをもつ R，G のクォークは $\epsilon_\pm = \sqrt{\xi_\pm^2 + |\Delta|^2}$ なる準粒子励起エネルギーをもつことがわかり，単位体積あたりの熱力学ポテンシャルを計算すると

$$\begin{aligned}\omega(M,\Delta;T,\mu_q) &= \Omega_{\mathrm{MFA}}/V \\ &= \frac{M^2}{4g} + \frac{|\Delta|^2}{4g_D}\end{aligned}$$

21) カラー空間内部でのゲージ自由度を利用して凝縮を $A=2$ に限った．

$$-4\int\frac{d^3p}{(2\pi)^3}\Big\{E_{\mathbf{p}}+T\log\left(1+e^{-\beta\xi_-}\right)\left(1+e^{-\beta\xi_+}\right)$$
$$+\mathrm{sgn}(\xi_-)\,\epsilon_-+\epsilon_++2T\log\left(1+e^{-\mathrm{sgn}(\xi_-)\beta\epsilon_-}\right)\left(1+e^{-\beta\epsilon_+}\right)\Big\},\tag{5.77}$$

となる．最右辺2行目がカラーB，3行目がR，Gのクォークの寄与を表す．ただし $\mathrm{sgn}(x)$ は符号関数で，$x>0$ のとき $\mathrm{sgn}(x)=1$, $x<0$ のとき $\mathrm{sgn}(x)=-1$ である．

式(5.77)は与えられた (T,μ_q) の組に対して2つの秩序変数 (M,Δ) の関数であり，(M,Δ) 空間内で ω を最小化する状態が物理的に実現するため，最小値では2つの秩序変数 M，Δ に対する連立ギャップ方程式

$$\frac{\partial\omega}{\partial M}=0,\quad \frac{\partial\omega}{\partial\Delta}=0,\tag{5.78}$$

が満たされる．最小値で $\Delta\neq 0$ となるとき2SC状態が実現する．

次に，相図上のどの領域でカラー超伝導が実現するかを数値計算で具体的に調べてみよう．図5.8に，いくつかの (T,μ_q) の組に対して (M,Δ) 空間における $\omega(M,\Delta;T,\mu_q)$ の等高線を示した．ただし模型のパラメータは式(5.71)に加えて $g_D=0.62g$ とした[93]．また，$\omega(M,\Delta;T,\mu_q)$ の最小値を×印で示してある．左図の $(T,\mu_q)=(5,300)$ MeV のときは，$\Delta=0$ で $M\simeq 320$ MeV の状態が最小値なので，前節で見たのと同じカイラル対称性のみが破れた状態が実現することがわかる．このように，μ_q が小さいときには g_D 項の寄与は無視でき，真空 $(T,\mu_q)=(0,0)$ での σ の値は前節の結果と変わらない．

一方，中央の $(T,\mu_q)=(5,350)$ MeV のときは，$M=0$ となりカイラル対称

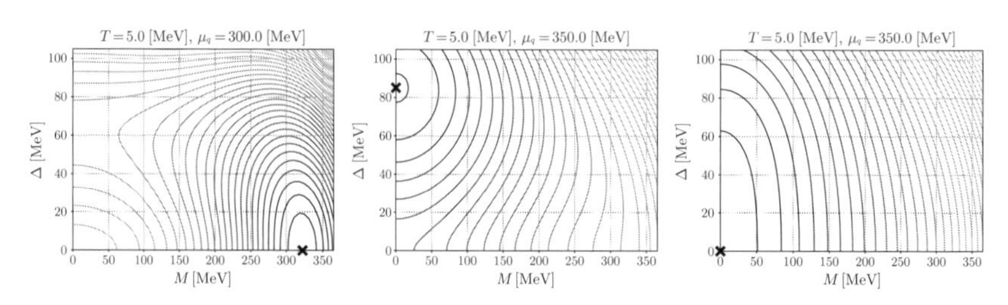

図5.8　(M,Δ) 平面上における $\omega(M,\Delta;T,\mu_q)$ の等高線.

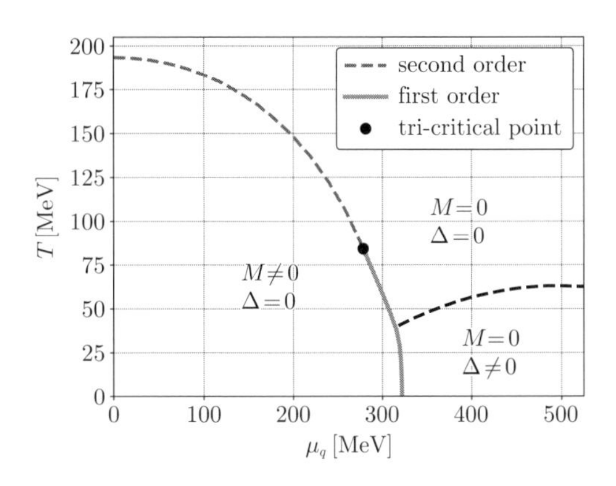

図 5.9 カラー超伝導相を考慮した場合の相図. 右下がカラー超伝導 (2SC) 相（表紙図参照）.

性が回復する一方で $\Delta \neq 0$ となり，2SC カラー超伝導状態が実現することがわかる．この状態から温度を上げて $(T, \mu_q) = (50, 350)$ MeV にすると，右図にあるように $M = \Delta = 0$ となり，高温で超伝導状態から通常相へと相転移が起こることがわかる．

こうして低温・高密度でカラー超伝導が実現することがわかった．この様子を相図として示したのが図 5.9 である．平均場近似に基づくこの解析では，カラー超伝導状態から通常相への相転移は二次相転移である [22]．

以上の解析はカイラル極限 $m = 0$ で行った．カレントクォーク質量 $m \neq 0$ を導入すると，前節で見たように常に $M \neq 0$ となり $\mu_q = 0$ のカイラル相転移はクロスオーバーとなるが，このときも低温・高密度領域にカラー超伝導相が現れる [94]．

ここまで，化学ポテンシャル μ_q を u，d クォークで共通として解析を行ってきたが，中性子星の内部で実現する物質を考える場合には各フレーバーの化学ポテンシャルは一般に異なる値になる．実際，中性子星内の物質は電荷中性であるから，u，d クォークの密度を $\rho_{\rm u}$，$\rho_{\rm d}$，電子の密度を $\rho_{\rm e}$ とすると，

$$\frac{2}{3}\rho_{\rm u} - \frac{1}{3}\rho_{\rm d} - \rho_{\rm e} = 0 \tag{5.79}$$

[22] カラー超伝導状態から通常相への相転移は平均場近似を超えてゆらぎを取り込んだ計算を行うと一次相転移になりうる [88–90, 92].

が成立する[23]．これに加えて，これらの自由度が起こすベータ崩壊とその逆プロセス

$$\mathrm{d} \longleftrightarrow \mathrm{u} + \mathrm{e} + \bar{\nu}_\mathrm{e}$$

に関する化学平衡が成立する（これをベータ平衡という）．ただし，$\bar{\nu}_\mathrm{e}$ は反ニュートリノである．この平衡条件から化学ポテンシャル $\mu_\mathrm{u,d,e}$ に以下の拘束が課される：

$$\mu_\mathrm{d} = \mu_\mathrm{u} + \mu_\mathrm{e} + \mu_{\bar{\nu}_\mathrm{e}}. \tag{5.80}$$

誕生から十分時間の経った中性子星の内部ではニュートリノは密度をもたないため，$\mu_{\bar{\nu}_\mathrm{e}} = 0$ と考えてよい．条件 (5.79)，(5.80) により全バリオン数密度が与えられたときの μ_u，μ_d が一意に定まるのだが，このとき一般に $\mu_\mathrm{u} \neq \mu_\mathrm{d}$，$\rho_\mathrm{u} \neq \rho_\mathrm{d}$ となり，クォークの対凝縮は大きさの異なるフェルミ球の間で組まれることになる．このような系では，LOFF 状態 [95, 96] と呼ばれる秩序変数が空間的に非一様な状態や，結晶化が起こった状態が安定状態として実現する可能性が金属超伝導の研究で指摘されており，カラー超伝導の場合もこのような状態が実現する可能性がある [14]．

より高密度のクォーク物質では s クォークの自由度も顕在化するため，3 フレーバーのクォーク物質を考察する必要がある．この場合，クォークの対凝縮がカラー・フレーバー・スピン反対称チャンネルで起こるという仮定のもとでも，式 (5.72) の u，d クォーク間の凝縮に加え，u，s および d，s クォーク間の凝縮が可能になる．縮退した 3 フレーバーのクォーク物質の基底状態は，これら 3 種類の凝縮が等しい期待値をもつ，Color-Flavor Locked (CFL) 状態と呼ばれる状態になることが知られている [83]．CFL 状態ではカラー $\mathrm{SU}_c(3)$ とフレーバー $\mathrm{SU}_L(3)$，$\mathrm{SU}_R(3)$ 変換を同時に行う変換に対する対称性のみが存在し，これによって $\mathrm{SU}_L(3)$ と $\mathrm{SU}_R(3)$ の独立な変換に対する不変性が失われ，カイラル対称性が破れる．このことから，u，d，s の 3 フレーバーが縮退した QCD では CFL 状態は QCD 真空と全く同じ対称性の破れのパターンをもつことに

[23] u，d クォークの電荷は，素電荷を単位として，それぞれ 2/3 および −1/3 であることを思い出そう．

なる．したがって，QCD 真空と CFL 状態は対称性からは区別できないので，$T = 0$ の QCD は $\mu = 0$ から高密度まで連続的につながっている可能性がある．このような可能性はハドロン—クォーク連続性と呼ばれる [97,98]．

現実の QCD では s クォークの質量が u，d と比べて重く，縮退していない．このときに条件 (5.79), (5.80) を課すと，上の議論よりもさらに多様なカラー超伝導状態と相構造が実現しうることになる．これらの効果を取り込んだ QCD 相図の高密度領域の研究は，様々な文献で議論されてきた [16,77,84,86,87,99,100]．

第6章 線形応答理論入門

本書ではここまで，熱力学量や秩序変数といった時間的に変化しない，いわゆる**静的**な物理量に注目して超高温・高密度物質を調べてきた．しかし，静的な物理量が記述するのは熱力学系の性質のごく一部であり，系の**動的**な特性に着目することで物質の性質のさらに深い理解が得られる．ここで動的な特性とは，たとえば熱平衡状態に振動などの外的な擾乱を加えた際の系の応答などの時間変化する現象全般の性質を指す[1]．身近な例として音波が挙げられる．気体に接する膜などを振動させるとその振動は音波として気体中を伝搬するが，音波の速度や減衰率は物質に固有の量であり，系の物性を特徴づける動的な物理量である．本章以降では，動的な物理量に着目して超高温・高密度物質を調べていく．これにより，前章までの議論を越えてさらに豊富で多様な QCD 物質の物性が明らかになる．

ここで登場した，「系に動的な擾乱を加えた際の応答を調べる」という操作を定式化するのが線形応答理論 [43, 52, 101–103] である．系に加える外的な擾乱が十分弱いとき，系の応答はその擾乱の大きさに比例するであろう．このような小さい外的擾乱による応答を線形応答と呼ぶ．場の理論を含む量子論における線形応答を記述する一般的な形式が線形応答理論であり，複雑な系に現れる動的な励起を調べ，実験的に測定可能な量と比較することを可能にする．

本章では，次章以降の準備として，線形応答理論になじみのない読者を対象としたこの理論の解説を行う．初学者にも直感的に理解できるよう，古典論の簡単な話から始め，量子論，場の量子論へと段階的に議論を進める構成とした．特に，ここで登場する**スペクトル関数**という物理量は後続の章で中心的な役割

[1] ここで，「擾乱」とは聞きなれない言葉かもしれないが，「秩序をかき乱すこと」を意味する．

を果たすので，数学的性質と物理的意味を理解してほしい．線形応答理論が既知の読者は本章を飛ばしてもらって構わない．

6.1 古典力学における調和振動子の線形応答

まず，古典力学の調和振動子から話を始めよう [103]．系のハミルトニアンは，

$$H_{\mathrm{HO}} = \frac{1}{2}p^2 + \frac{1}{2}\omega_0^2 x^2 \tag{6.1}$$

である．ただし，質量 m は簡単のために $m = 1$ として省略する．いま，この振動子の角振動数 ω_0 が未知であり，この値を推定したいときにはどのような実験を行えばよいだろうか？素朴な手段の 1 つは，振動子に対応する振り子の支点なりバネの端点なりを揺すって，それに対する質点の応答を観測することである．この操作をハミルトニアンの言葉で表せば，端点の振動を表す項

$$H_{\mathrm{ex}} = -xf(t), \qquad f(t) = A\cos(\omega t) \tag{6.2}$$

を式 (6.1) に加えて [2)]，$H_{\mathrm{tot}} = H_{\mathrm{HO}} + H_{\mathrm{ex}}$ で記述される力学系の時間発展を調べることに相当する．いわゆる強制振動の問題である．$f(t)$ は系に与えられた擾乱がもたらす力に比例しているため，この関数を以下では外力と呼ぼう．

ハミルトニアン H_{tot} に対応する運動方程式は

$$\ddot{x} = -\omega_0^2 x + A\cos(\omega t) \tag{6.3}$$

であり，この運動方程式の一般解は，初期条件によって決まる任意定数 C_0，θ_0 を用いて

$$x(t) = C_0\cos(\omega_0 t + \theta_0) - \frac{A}{\omega^2 - \omega_0^2}\cos(\omega t) \qquad (\omega \neq \omega_0) \tag{6.4}$$

と書かれる．ここで初項は初期条件に依存した項であり，外力 (6.2) を加えてから十分時間が経てば，ここでは明示的には取り入れられていない微小な摩擦

[2)] H_{ex} の添字は external の略．

の影響などで抑制され [3)]，無視できるだろう．そこで以下では，十分時間が経過した後に生き残る式 (6.4) の第 2 項，すなわち運動方程式 (6.3) の非斉次解に注目しよう．この項は

$$x(t) = R(\omega) f(t) = R(\omega) A \cos(\omega t), \tag{6.5}$$

$$R(\nu) = -\frac{1}{\nu^2 - \omega_0^2} = -\frac{1}{2\omega_0}\Big(\frac{1}{\nu - \omega_0} - \frac{1}{\nu + \omega_0}\Big) \tag{6.6}$$

と書け，運動 $x(t)$ と外力 $f(t)$ は比例関係にあることがわかる．両者の比例係数 $R(\nu)$ を，以下では**応答関数**と呼ぶことにしよう．応答関数 $R(\nu)$ は様々な角振動数 ν で系を強制振動させる実験を行えば原理的に観測可能な量であり，$R(\nu)$ の関数形がわかれば式 (6.6) を使うことで ω_0 の値を知るという目的が達成できる．

この問題に形式的な立場からさらに踏み込めば，$R(\nu)$ は $\nu = \pm\omega_0$ に極をもつので，$R(\nu)$ が解析関数として得られる場合には $R(\nu)$ の極の位置を読み取れば ω_0 がわかる．以下の議論では，$R(\nu)$ のこの性質が本質的な役割を果たす．

以上の議論は，**グリーン関数**を使って定式化することも可能である．外力のない調和振動子の運動方程式 $\ddot{x} + \omega_0^2 x = 0$ のグリーン関数とは，

$$\Big(\frac{d^2}{dt^2} + \omega_0^2\Big) D(t) = \delta(t) \tag{6.7}$$

を満たす関数 $D(t)$ のことであり [4)]，$D(t)$ を使うと運動方程式 (6.3) の非斉次解が

$$x(t) = \int_{-\infty}^{\infty} ds D(t-s) f(s) \tag{6.8}$$

と書ける．このことは式 (6.8) を式 (6.3) に代入することで容易に確かめられる．式 (6.8) の両辺を $\tilde{D}(\nu) = \int_{-\infty}^{\infty} dt e^{i\nu t} D(t)$ などによって，角振動数 ν にフーリエ変換すると

---

3) 式 (6.20) 参照.

4) $D(t)$ の定義は教科書によって異なるので注意されたい．多体問題の教科書では定義 $(d^2/dt^2 + \omega_0^2)D(t) = -\delta(t)$ が標準的だが [43, 52, 101–103]，相対論的場の理論では $(d^2/dt^2 + \omega_0^2)D(t) = -i\delta(t)$ が採用されることが多い [1].

$$\tilde{x}(\nu) = \tilde{D}(\nu)\tilde{f}(\nu) \tag{6.9}$$

が得られる．式 (6.9) を (6.5) と見比べると，グリーン関数のフーリエ変換 $\tilde{D}(\nu)$ は強制振動における応答関数 $R(\nu)$ と同等の意味をもつ量であることがわかる．

ただし，グリーン関数は微分方程式 (6.7) の解として導入しているため，一意には決まらない．この任意性は境界条件によって消す必要がある．いま考えている問題では，質点の運動 $x(t)$ は外力 $f(s)$ への応答として発生するため，$t < s$ では外力の影響がなく $D(t-s) = 0$ であること，すなわち

$$D(t) = 0 \quad (t < 0) \tag{6.10}$$

という境界条件を課すのが自然である．式 (6.10) を満たすグリーン関数を**遅延 (retarded) グリーン関数**と呼び，以下では $D^R(t)$ と表す．

運動方程式 (6.7) のグリーン関数を具体的に求めるには，最初に式 (6.7) の両辺をフーリエ変換して $\tilde{D}(\nu)$ を求めるのが簡単だが，この操作を素朴に実行すると $\tilde{D}(\nu) = -(\nu^2 - \omega_0^2)^{-1}$ となって，$\nu = \omega_0$ で $\tilde{D}(\nu)$ が発散し，これに伴って $D(t)$ へのフーリエ逆変換が不定になる．この問題を回避しつつ遅延条件 (6.10) を満たすには

$$\tilde{D}^R(\nu) = -\frac{1}{(\nu + i\epsilon)^2 - \omega_0^2} = -\frac{1}{\nu^2 - \omega_0^2 + i\epsilon\nu} \tag{6.11}$$

と，正の無限小量 ϵ を使って極の位置をずらせばよい．なお，最右辺では ϵ^2 を無視し，2ϵ を改めて ϵ と書いた．式 (6.11) のフーリエ逆変換 $D^R(t) = \int_{-\infty}^{\infty} e^{-i\nu t}\tilde{D}^R(\nu)d\nu/(2\pi)$ が遅延条件 (6.10) を満たすことは，読者の手で確かめていただきたい[5]．

調和振動子の角振動数 ω_0 が $R(\nu)$ あるいは $\tilde{D}^R(\nu)$ の極であることがわかった．この性質をより直接的に表す量として，スペクトル関数

$$\rho(\nu) = \frac{1}{\pi}\mathrm{Im}\tilde{D}^R(\nu) \tag{6.12}$$

[5] コーシーの積分定理を使う．式 (6.11) の極が複素下半平面にのみ存在することを使う．143 ページの脚注参照．

を定義しよう．調和振動子の場合には式 (6.11) を式 (6.12) に代入して

$$\frac{1}{x \pm i\epsilon} = \mathrm{P}\frac{1}{x} \mp i\pi\delta(x) \tag{6.13}$$

を使うと（P はコーシーの主値積分），

$$\rho(\nu) = \frac{1}{2\omega_0}\Big(\delta(\nu - \omega_0) - \delta(\nu + \omega_0)\Big) \tag{6.14}$$

となる．つまり，ω_0 の値はスペクトル関数内においてデルタ関数の位置として表現されている．

スペクトル関数 $\rho(\nu)$ は，外力が複数の調和振動子と結合している場合により強力な役割を果たす．具体的な物理系としては，たとえば図 6.1 左に示すような複数の振り子をぶら下げた棒を振動させる実験を考えればよい．この棒を振動させると，様々な角振動数の振り子が一斉に振動し始める．この問題をハミルトニアンで書くには，まず独立な N 個の調和振動子系

$$H = \sum_{i=1}^{N}\left(\frac{1}{2}p_i^2 + \frac{1}{2}\omega_i^2 x_i^2\right) \tag{6.15}$$

を考え，外力として

$$H_{\mathrm{ex}} = -\Big(\sum_i c_i x_i\Big)A\cos(\omega t) = -zA\cos(\omega t) \tag{6.16}$$

をこの系に加えればよい．このとき，変数 $z(t) = \sum_i c_i x_i(t)$ の非斉次解および遅延グリーン関数は

$$z(t) = \tilde{D}^R(\omega)A\cos(\omega t), \qquad \tilde{D}^R(\nu) = -\sum_i \frac{c_i^2}{\nu^2 - \omega_i^2 + i\nu\epsilon} \tag{6.17}$$

と書けることが容易に示せる．式 (6.17) は，この場合にも $\tilde{D}^R(\nu)$ の関数形を詳しく測定しさえすれば外力と結合した調和振動子の角振動数を一挙に知ることができることを示している．さらに，スペクトル関数

$$\rho(\nu) = \frac{1}{\pi}\mathrm{Im}\tilde{D}^R(\nu) = \sum_i \frac{c_i^2}{2\omega_i}\Big(\delta(\nu - \omega_i) - \delta(\nu + \omega_i)\Big) \tag{6.18}$$

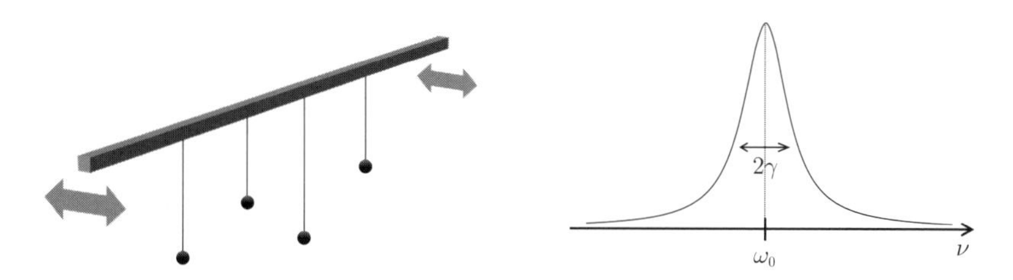

図 6.1 左：複数の振動子を同時に振動させる実験の概念図．右：スペクトル関数 (6.23) のピーク構造．

を使えば，すべての角振動数 ω_i と結合の強さ c_i^2 に関する情報がデルタ関数の位置と留数として読み取れる [6)]．

量子論での議論を始める前に，摩擦などによる減衰の効果を考慮した振動子，つまり運動方程式

$$\frac{d^2x}{dt^2}+2\gamma\frac{dx}{dt}+\omega_0^2x=f(t) \tag{6.19}$$

で記述される系におけるスペクトル関数についても考察しておこう．ただし $\gamma>0$ は摩擦係数に対応する量で，$\gamma<\omega_0$ とする．よく知られているように，この場合，式 (6.19) で $f(t)=0$ とした運動方程式の一般解は任意定数 C_0，θ_0 を用いて

$$x(t)=C_0e^{-\gamma t}\cos(Et+\theta_0),\qquad E=\sqrt{\omega_0^2-\gamma^2} \tag{6.20}$$

と書け，この運動は振幅が $e^{-\gamma t}$ に比例して減衰する減衰振動である．

式 (6.19) に外力 $f(t)$ を加えた場合の非斉次解は前と同様に

$$x(t)=\int_{-\infty}^{\infty}dsD^R(t-s)f(s) \tag{6.21}$$

と書ける．$D^R(t)$ のフーリエ変換 $\tilde{D}^R(\nu)$ は，式 (6.19) に $f(t)=\delta(t)$ を代入して両辺をフーリエ変換することで

$$\tilde{D}^R(\nu)=-\frac{1}{\nu^2+2i\gamma\nu-\omega_0^2} \tag{6.22}$$

---

6) ここで変数 $z(t)$ を使うのが不自然に見えるかもしれないが，後に説明する場の理論の線形応答は，まさにこのような変数に対する線形応答に相当する．

と得られる．式 (6.22) をフーリエ逆変換して得られる $D^R(t)$ は遅延条件 (6.10) を満たしており，この場合，式 (6.22) は確かに遅延グリーン関数である．式 (6.12) に対応するスペクトル関数を計算すれば，

$$\rho(\nu) = \frac{1}{\pi}\mathrm{Im}\tilde{D}^R(\nu) = \frac{1}{\pi}\frac{2\gamma\nu}{(\nu^2-\omega_0^2)^2+4\gamma^2\nu^2} \tag{6.23}$$

となる．図 6.1 右に，$\gamma \ll \omega_0$ の場合の式 (6.23) の関数形を示した．この図のように，この場合のスペクトル関数は $\nu = \pm\omega_0$ に幅が約 2γ のピークをもつ．つまり，減衰振動に対応したスペクトル関数はデルタ関数のかわりに幅をもったピーク構造をもち，幅は γ に比例する．ピーク周辺で $\int d\nu\rho(\nu)$ を計算すると $1/(2\omega_0)$ が得られるので，$\rho(\nu)$ の積分値は式 (6.14) のデルタ関数の積分に等しい．

最後に，本節ではスペクトル関数 $\rho(\nu)$ を角振動数を読み取る道具として導入したが，$\rho(\nu)$ のもう 1 つの重要な性質として，外力 $f(t) = A\cos(\omega t)$ が質点に対して行う平均仕事率 $W(\omega)$ が $W(\omega) = (A^2/2)\omega\rho(\omega)$ と書けることを指摘しておく [104]．すなわち，$(A^2/2)\omega\rho(\omega)$ は外力から質点にもたらされる単位時間あたりのエネルギーである．非斉次解は，$\gamma = 0$ かつ $\omega = \omega_0$ の場合を除き，定常的な運動を表していることからわかるように，この外力が質点に対して行う仕事の平均は質点が摩擦などで失うエネルギーの平均と等しい．一般には，この「摩擦」は注目している系（質点）以外の自由度に放出される単位時間あたりのエネルギーと解釈できる．

6.2　量子論における線形応答

次に，同様な問題を量子力学で考えてみよう [103]．ハミルトニアン $\hat{H}$ で記述される量子力学系を考え，上で扱った古典論の場合と同様に，この系に外場 $\hat{H}_{\mathrm{ex}}(t)$ を印加したとする．このとき線形応答理論では，適当な物理量 $\hat{O}$ の期待値に注目し，$\hat{H}_{\mathrm{ex}}(t)$ が $\hat{H}$ と比べて十分小さいとして物理量の期待値 $\langle\hat{O}\rangle$ の時間発展を考察する．簡単のため，本節では $\hat{H}_{\mathrm{ex}}(t)$ はエルミート演算子とする．

初期時刻 $t = t_0$ に系が $|\psi(t_0)\rangle = |\psi_0\rangle$ の量子状態にあったとしよう．この系

が $t=t_0$ から外場を含むハミルトニアン $\hat{H}_{\rm tot}=\hat{H}+\hat{H}_{\rm ex}$ で時間発展するとすると，$t>t_0$ での（シュレーディンガー描像の）状態ケットの時間発展は，シュレーディンガー方程式

$$i\frac{d}{dt}|\psi(t)\rangle=\hat{H}_{\rm tot}|\psi(t)\rangle=(\hat{H}+\hat{H}_{\rm ex})|\psi(t)\rangle \tag{6.24}$$

に従う．この方程式を $\hat{H}_{\rm ex}$ について摂動論的に解くために，$|\psi(t)\rangle$ が $|\psi(t_0)\rangle$ を用いて

$$|\psi(t)\rangle=e^{-i\hat{H}(t-t_0)}\hat{U}(t,t_0)|\psi(t_0)\rangle \tag{6.25}$$

と書けるとして，$\hat{U}(t,t_0)$ を求めてみよう．式 (6.25) を式 (6.24) に代入すると，$\hat{U}(t,t_0)$ の時間発展は（$\hat{H}$ に関する）ハイゼンベルク描像の演算子 $\hat{H}^H_{\rm ex}(t)=e^{i\hat{H}(t-t_0)}\hat{H}_{\rm ex}e^{-i\hat{H}(t-t_0)}$ を使って

$$i\frac{d}{dt}\hat{U}(t,t_0)=\hat{H}^H_{\rm ex}(t)\hat{U}(t,t_0) \tag{6.26}$$

と書けることがわかる．これを初期条件 $\hat{U}(t_0,t_0)=1$ に対して逐次近似で解くと，

$$\hat{U}(t,t_0)=1-i\int_{t_0}^{t}ds\hat{H}^H_{\rm ex}(s)-\int_{t_0}^{t}ds_1\int_{t_0}^{s_1}ds_2\hat{H}^H_{\rm ex}(s_1)\hat{H}^H_{\rm ex}(s_2)+\cdots \tag{6.27}$$

が得られる．これを式 (6.25) に代入すると $|\psi(t)\rangle$ は $\hat{H}_{\rm ex}$ の一次までの近似で

$$|\psi(t)\rangle=e^{-i\hat{H}(t-t_0)}|\psi_0\rangle-ie^{-i\hat{H}(t-t_0)}\int_{t_0}^{t}ds\hat{H}^H_{\rm ex}(s)|\psi_0\rangle \tag{6.28}$$

となる．したがって，あるエルミート演算子 $\hat{O}$ の時刻 t における期待値は $\hat{H}_{\rm ex}$ の最低次で，

$$\begin{aligned}\langle\hat{O}(t)\rangle_{\rm ex}&=\langle\psi(t)|\hat{O}|\psi(t)\rangle\\&=\langle\psi_0|e^{i\hat{H}(t-t_0)}\hat{O}e^{-i\hat{H}(t-t_0)}|\psi_0\rangle\\&\quad+i\int_{t_0}^{t}ds\langle\psi_0|\Big[-\hat{O}^H(t)\hat{H}^H_{\rm ex}(s)+\hat{H}^H_{\rm ex}(s)\hat{O}^H(t)\Big]|\psi_0\rangle\end{aligned}$$

$$= \langle\psi_0|\hat{O}^H(t)|\psi_0\rangle - i\int_{t_0}^{t} ds\langle\psi_0|[\hat{O}^H(t), \hat{H}_{\rm ex}^H(s)]|\psi_0\rangle \tag{6.29}$$

と計算できる．ただし $\hat{O}^H(t) = e^{i\hat{H}(t-t_0)}\hat{O}e^{-i\hat{H}(t-t_0)}$．式 (6.29) の最右辺第一項は摂動 $\hat{H}_{\rm ex}$ を加えなかった場合の時刻 t における期待値なので，外場によって生じた期待値の変化は

$$\begin{aligned}\delta\langle\hat{O}(t)\rangle &= \langle\hat{O}^H(t)\rangle_{\rm ex} - \langle\psi_0|\hat{O}^H(t)|\psi_0\rangle \\ &= -i\int_{t_0}^{t} ds\langle\psi_0|[\hat{O}^H(t), \hat{H}_{\rm ex}^H(s)]|\psi_0\rangle\end{aligned} \tag{6.30}$$

と書けることがわかる．

さらに議論を進めるため，外場が

$$\hat{H}_{\rm ex}^H(t) = -\hat{O}^H(t)f(t) \tag{6.31}$$

と，演算子 $\hat{O}^H(t)$ と古典的な実関数 $f(t)$ の積で書けるとすると，式 (6.30) は

$$\delta\langle\hat{O}(t)\rangle = i\int_{t_0}^{t} ds\langle\psi_0|[\hat{O}^H(t), \hat{O}^H(s)]|\psi_0\rangle f(s) \tag{6.32}$$

となる．ただしここで，式 (6.31) の演算子 $\hat{O}^H$ を式 (6.29) 左辺の演算子と同じものに選んだ．これは，前節で扱った古典的な強制振動の議論で式 (6.2) のように x に比例する項をハミルトニアンに加えて x の時間発展を測定するのと同様な状況を想定したものだが，異なる演算子を採用して他の物理量の時間発展を考えることもできる．また，式 (6.2) との類推から $f(t)$ を外力と呼ぶことにする．

ここでさらに，外場を印加し始める時刻 t_0 について $t_0 \to -\infty$ の極限をとると，

$$\begin{aligned}\langle\delta\hat{O}(t)\rangle &= \int_{-\infty}^{\infty} dsD^R(t-s)f(s), \\ D^R(t) &= i\langle\psi_0|[\hat{O}^H(t), \hat{O}^H(0)]|\psi_0\rangle\theta(t)\end{aligned} \tag{6.33}$$

が得られる．$t_0 \to -\infty$ の操作は，前節の古典論の場合に十分長い時間待つこと

で非斉次解のみを取り出す操作に対応すると考えればよい．式 (6.33) をフーリエ変換してエネルギー空間に移行すると，

$$\delta\langle\hat{O}(\omega)\rangle = \int dte^{i\omega t}\delta\langle\hat{O}^H(t)\rangle = D^R(\omega)f(\omega), \tag{6.34}$$

$$D^R(\omega) = \int_{-\infty}^{\infty} dte^{i\omega t}D^R(t) \tag{6.35}$$

が得られる．式 (6.33) で導入した $D^R(t)$ は遅延条件 (6.10) を満たしているため，遅延グリーン関数である．

以上の結果を得るために行った仮定は，$H_{\rm ex}(t)$ の摂動展開の一次をとることのみで，この仮定は外場が十分弱いときに正当化できる．前節の古典論の議論で外力の振幅 A をいくらでも小さくとれるのと同様に，量子論でも外力 $f(t)$ は原理的にはいくらでも小さくとれることから，この近似が正当化できる状況はかなり一般的に作り出せるであろう．また，式 (6.34) から揺動 $\delta\langle\hat{O}\rangle$ は外力 $f(\omega)$ に比例しており，両者は線形関係にあることがわかるし，式 (6.33)，(6.34) が式 (6.8)，(6.9) と全く同じ構造をしていることから，量子論においても $D^R(\omega)$ が古典論での応答関数と同じ物理的意味をもつことがわかる．式 (6.33) あるいは (6.34) は線形応答理論の一般的形式で，しばしば**久保公式**あるいは**グリーン・久保公式** [43,101] と呼ばれる [7]．また，量子論においてもスペクトル関数 $\rho(\omega)$ を式 (6.12) に従って $D^R(\omega)$ から定義すると，古典論の場合と同様な性質をもつ．

式 (6.33)，(6.34) は初期状態 $|\psi_0\rangle$ に依存している．初期条件の選び方はどのような物理系に注目するかで決まる．基底状態に擾乱を加えるときや，後に議論する場の理論の真空上の励起を考える際には，初期状態として基底（真空）状態を選べばよい．一方，有限温度系の線形応答 [42,43,52,101–103] を議論する際には初期時刻 $t = t_0$ で系が熱平衡状態にあるとし，式 (6.32) の期待値をアンサンブル平均に置き換えた有限温度遅延グリーン関数 [42,52,101]

$$D_T^R(t) = i{\rm Tr}\Big[[\hat{O}^H(t), \hat{O}^H(0)]\hat{\rho}\Big]\theta(t) \tag{6.36}$$

を使うことになる．ただし，$\hat{\rho} = e^{-\hat{H}/T}/Z$ は密度行列である．

---

7) グリーン・久保公式導出に至る歴史的背景についてについては，文献 [102,105] 参照．

[例：調和振動子]

久保公式 (6.33)，(6.34) の意味を理解するため，$\hat{H}$ として式 (6.1) の調和振動子ハミルトニアン $H_{\rm HO}$ を採用し，式 (6.33) で $\hat{O}=\hat{x}$ と選んだ場合を具体的に計算してみよう．

いま，初期時刻 $t=t_0$ に系が基底状態にあったとしよう．この場合，式 (6.33) の $D^R(t)$ の中の交換関係は $\langle 0|[\hat{x}^H(t),\hat{x}^H(0)]|0\rangle$ である．この量を計算するには，

$$\hat{x}=\frac{1}{\sqrt{2\omega_0}}(\hat{a}^\dagger+\hat{a}),\quad \hat{p}=\sqrt{2\omega_0}(\hat{a}^\dagger-\hat{a}), \tag{6.37}$$

によって生成消滅演算子 $\hat{a}^\dagger$，$\hat{a}$ を導入するのが便利である．これらの演算子が交換関係 $[\hat{a},\hat{a}^\dagger]=1$ と $\hat{a}|0\rangle=0$ を満たし，ハミルトニアンが $\hat{H}=\omega_0(\hat{a}^\dagger\hat{a}+1/2)$ と書き直せることを使うと，

$$\begin{aligned}\langle 0|[\hat{x}^H(t),\hat{x}^H(0)]|0\rangle &= \langle 0|e^{i\hat{H}t}\hat{x}e^{-i\hat{H}t}\hat{x}-\hat{x}e^{i\hat{H}t}\hat{x}e^{-i\hat{H}t}|0\rangle\\ &=\frac{1}{2\omega_0}(e^{-i\omega_0 t}-e^{i\omega_0 t})\end{aligned} \tag{6.38}$$

と計算できる．したがって $D^R(\omega)$ は

$$\begin{aligned}D^R(\omega)&=\int dte^{i\omega t}D^R(t)=i\int dte^{i\omega t}\frac{e^{-i\omega_0 t}-e^{i\omega_0 t}}{2\omega_0}\theta(t)\\ &=-\frac{1}{2\omega_0}\Big(\frac{1}{\omega+\omega_0+i\epsilon}-\frac{1}{\omega-\omega_0+i\epsilon}\Big)\end{aligned} \tag{6.39}$$

となり，古典論の結果 (6.6) と一致することが確かめられる [8)]．

この結果は，量子的な調和振動子においても原理的には古典論と全く同じ方法で ω_0 を測定できることを示している．つまり，$D^R(\omega)$ が手に入りさえすれば，極の位置から ω_0 を求めることができ，エネルギー固有値を知ることができる．この議論は，式 (6.15)，(6.16) で論じた外場が複数の調和振動子と結合した場合にも拡張可能である．また，式 (6.12) に従ってスペクトル関数 $\rho(\omega)$ を

---

8) 参考までに，上で得た式 (6.39) は，調和振動子系 $H=H_{\rm HO}$ では初期条件 $|\psi_0\rangle$ としてどのような状態を選んでも同じ結果になるし，有限温度グリーン関数 (6.36) の結果も同様である．また，以上の結果は実は $H_{\rm ex}$ の一次をとる線形近似を行わず厳密に解いた場合にも成立することが直接計算によって確かめられる．しかし，ハミルトニアンが調和振動子型でない一般の系では $D^R(\omega)$ の構造は初期条件に依存することに注意しておく．

導入すれば，励起エネルギーがスペクトル関数上のデルタ関数として表現されるという性質も成立する．

6.3 場の理論の線形応答

線形応答理論は，場の量子論にも適用できる [52]．場の理論では演算子が一般に位置と時間の関数 $\hat{o}(\boldsymbol{x},t)$ となるが，この場合も演算子 $\hat{o}(\boldsymbol{x},t)$ に比例した弱い外場を着目する系に加えて期待値 $\langle\hat{o}'(\boldsymbol{x}',t')\rangle$ の変化を観測することで系の性質を調べるという線形応答の考え方はそのまま使える．本節では演算子 $\hat{o}(\boldsymbol{x},t)$ がボソン演算子の場合に限って場の理論の線形応答理論を概観しよう．

空間並進対称性をもつ場の理論では，エネルギー固有状態は運動量固有状態にとることができる．場の理論で演算子 $\hat{o}(\boldsymbol{x},t)$ に比例した外場を系に掛けると，様々な運動量の励起が一挙に励起されることになる．これは，6.1 節で論じた古典論のモデル (6.15)，(6.16) において，変数 z に付随した外力を掛けたときに z と結合した振動が一挙に誘起される状況に相当する．これにより，対応するスペクトル関数には様々な運動量の励起の情報が含まれるのだが，情報量が多すぎるとかえって物理が見づらくなる．そこで，$\hat{o}(\boldsymbol{x},t)$ を空間座標についてフーリエ変換した演算子

$$H_{\mathrm{ex}} = -\hat{\mathcal{O}}_{\boldsymbol{p}}(t)f(t), \qquad \hat{\mathcal{O}}_{\boldsymbol{p}}(t) = \int d^3\boldsymbol{x} e^{-i\boldsymbol{p}\cdot\boldsymbol{x}}\hat{o}(\boldsymbol{x},t) \tag{6.40}$$

を，式 (6.33) の演算子 $\hat{O}(t)$ として採用すると，系には運動量 $\boldsymbol{p}$ のエネルギー固有状態のみが励起されることになり，物理的性質が読み取りやすい．なお，$\hat{o}(\boldsymbol{x},t)$ がエルミート演算子であっても $\boldsymbol{p}\neq 0$ の場合は $\hat{\mathcal{O}}_{\boldsymbol{p}}(t)$ はエルミート演算子ではなく，$\hat{\mathcal{O}}^\dagger_{\boldsymbol{p}}(t) = \hat{\mathcal{O}}_{-\boldsymbol{p}}(t)$ となることに注意しよう．

同時刻交換関係 $[\hat{o}(\boldsymbol{x}_1,t),\hat{o}(\boldsymbol{x}_2,t)]$ が $\delta(\boldsymbol{x}_1-\boldsymbol{x}_2)$ に比例することを使うと，外場 (6.40) によって系に誘起される場は $\langle\hat{\mathcal{O}}_{\boldsymbol{p}}(t)\rangle$ ではなく，$\langle\hat{\mathcal{O}}^\dagger_{\boldsymbol{p}}(t)\rangle = \langle\hat{\mathcal{O}}_{-\boldsymbol{p}}(t)\rangle$ のみであることが示せるので，

$$\delta\langle\hat{\mathcal{O}}^\dagger_{\boldsymbol{p}}(t)\rangle = \int ds D^R(\boldsymbol{p},t-s)f(s) \tag{6.41}$$

と書ける．式 (6.41) は，この場合に $D^R(\boldsymbol{p},t)$ が運動量 $\boldsymbol{p}$ の励起の性質を担うことを示している．真空上の励起を調べるなら，$D^R(\boldsymbol{p},t)$ の初期状態を真空（基底状態）に選べばよいし，有限温度系の応答を調べるなら $D^R(\boldsymbol{p},t)$ として運動量空間の有限温度遅延グリーン関数

$$D^R(\boldsymbol{p},t) = -i\mathrm{Tr}\Big[[\hat{\mathcal{O}}^\dagger_{\boldsymbol{p}}(t), \hat{\mathcal{O}}_{\boldsymbol{p}}(0)]\hat{\rho}\Big]\theta(t) \tag{6.42}$$

を使えばよい．

式 (6.42) をエネルギー空間へとフーリエ変換した $D^R(\boldsymbol{p},\omega) = \int dte^{i\omega t}D^R(\boldsymbol{p},t)$ は，前と同様に極の位置が励起エネルギーを表しており，対応するスペクトル関数にはデルタ関数が現れる．$D^R(\boldsymbol{p},\omega)$ の極は通常 $\boldsymbol{p}$ の連続関数であり，その運動量依存性 $\omega = \omega(\boldsymbol{p})$ は**分散関係**と呼ばれる．相対論的共変性をもつ場の理論では，分散関係は $\omega(\boldsymbol{p}) = \sqrt{|\boldsymbol{p}|^2 + \omega(\boldsymbol{0})^2}$ となり，$\boldsymbol{p} = 0$ での励起エネルギー $\omega(\boldsymbol{0})$ は質量と呼ばれる．

場の理論のスペクトル関数 $\rho(\omega)$ には，デルタ関数だけではなく幅をもったピークが現れることがある．このような構造の物理的意味は，古典論における摩擦のある振動子のスペクトル関数 (6.23) との類推によって直感的に理解できる．古典論では，式 (6.23) に現れる幅 γ のピークは $e^{-\gamma t}$ に比例して減衰する減衰振動に対応していた．これと同様に，場の理論でも有限の幅をもつピークは有限時間で崩壊する不安定な励起を表すと考えてよい．このような幅を伴うピークは共鳴状態として観測されるだけでなく，真空では安定な励起も有限温度系では熱的散乱の効果によって幅が発生することが広く起こる．次章では，NJL 模型による計算で実際にこのような現象が起こることを見る．

第7章 有限温度・有限密度での中間子励起とカイラル相転移のソフトモード

ここからは，高温・高密度のQCD物質の動的性質について，第5章で相構造の解析に使ったNJL模型を再び採用して調べることにしよう．カイラル対称性の破れと関連して特に重要なのは，カイラル凝縮 $\langle \bar{q}q \rangle$ のゆらぎのモードである．本章では特に，$\langle \bar{q}q \rangle$ の振幅のゆらぎとカイラル変換に対応する回転方向のゆらぎの（集団）励起に注目する．これらのモードはそれぞれスカラー場と擬スカラー場で記述され，その励起はスカラー (σ) および擬スカラー (π) 中間子に対応する．

これらの励起モードを調べることにより，カイラル極限でカイラル対称性が自発的に破れた状態では π 中間子の質量がゼロになることを示す．このようなゼロ質量の粒子が連続対称性の自発的破れに伴って出現することは南部―ゴールドストンの定理 [6,11] として知られるものであり，現実に存在する π 中間子の質量が他のハドロンと比べて軽いことを説明する．また，温度・密度の変化に応じて中間子の質量が変化することをみる．特に，二次相転移点近傍でソフトモードと呼ばれる励起が出現することをみる．なお，これ以降は常にハイゼンベルク描像を採用するものとし，ハイゼンベルク演算子を表す上付き添字 H を省略する．

7.1 スカラー中間子，擬スカラー中間子

以下では，スカラーおよび擬スカラー中間子をそれぞれ σ，π と呼ぶことにしよう．線形応答でこれらを調べるには，外場 (6.40) の演算子 $\hat{o}(\boldsymbol{x}, t)$ としてこれらの中間子状態を系に励起させられるものを選べばよい．そのためには，演

算子 $\hat{o}(\boldsymbol{x},t)$ はこれらの中間子と同じ量子数をもつ必要があるが，逆にこの条件を満たしさえすれば演算子の選び方は任意である．σ はスカラー，π は擬スカラー[1] なので，このような演算子として，

$$\hat{\mathcal{O}}_{\rm S}(\boldsymbol{p},t) = \int d^3x e^{-i\boldsymbol{p}\cdot\boldsymbol{x}} \bar{q}(\boldsymbol{x},t)q(\boldsymbol{x},t), \tag{7.1}$$

$$\hat{\mathcal{O}}_{\rm PS}(\boldsymbol{p},t) = \int d^3x e^{-i\boldsymbol{p}\cdot\boldsymbol{x}} \bar{q}(\boldsymbol{x},t)i\gamma_5\tau_i q(\boldsymbol{x},t), \quad (i=1,\,2,\,3) \tag{7.2}$$

の 2 つを採用して計算を進めることにしよう．

7.1.1　乱雑位相近似 (RPA)

式 (7.1)，(7.2) を式 (6.42) に代入したときに得られる応答関数をそれぞれ $D^R_{\rm S}(\boldsymbol{p},t)$，$D^R_{\rm PS}(\boldsymbol{p},t)$ と書くことにする．これらの応答関数に現れる極の位置を調べることで σ，π 中間子の質量が読み取れるのだが，相互作用理論でこれらの関数を計算するのは容易ではない．そこでここでは，以下で説明する**乱雑位相近似 (random-phase approximation: RPA)**[2] を採用して計算を行うことにする．また，第 4，5 章などと同様に当面は有限体積 V の立方体を考え，離散化された運動量 $\boldsymbol{p}$ で議論を行った後，計算の最後に $V\to\infty$ の極限をとる．

NJL 模型 (5.47) で記述される，平均場 $\langle\bar{q}q\rangle\neq 0$ をもった状態を外場

$$H_{\rm ex} = -\hat{\mathcal{O}}_{\rm S}(\boldsymbol{p},t)f(t) \tag{7.3}$$

で揺動させてみよう．すると，この系には期待値 $\delta\langle\hat{\mathcal{O}}^\dagger_{\rm S}(\boldsymbol{p},t)\rangle$ が誘起されるが，これは $\bar{q}q$ の期待値が時間的・空間的に変化することを意味する．実際，外場によって生じた平均場のずれを $\delta\langle\bar{q}q(x)\rangle = Ce^{i\boldsymbol{p}\cdot\boldsymbol{x}}$ とおくと，式 (6.41) より $C=\delta\langle\hat{\mathcal{O}}^\dagger_{\rm S}(\boldsymbol{p},t)\rangle/V$ であることがわかる．したがって，外場がある系では平均

---

1) ただし，π は荷電粒子 $\pi^\pm$ と荷電中性の π^0 という 3 種類の状態がある．これらはアイソスピン 3 重項を構成しており，これに対応して式 (7.2) はフレーバー空間の演算子 τ_i をもつ．アイソスピン対称性からこれら 3 状態の性質は i に依存しないので，式 (7.2) の演算子 $\hat{\mathcal{O}}_{\rm PS}(\boldsymbol{p},t)$ では添字 i を省略してある．

2) 荷電粒子系の集団運動（プラズマ振動）を記述するためにボームとパインズによって提出された理論．後に，動的自己無撞着平均場近似の小振幅近似あるいは，ファインマン図のリングダイアグラムの足し合わせとしても得られることが他の著者によって示されている [50,52].

場 $\langle\bar{q}q(x)\rangle$ は時間と空間に依存し，

$$\langle\bar{q}q(x)\rangle_{\rm ex} = \langle\bar{q}q\rangle + \delta\langle\bar{q}q(x)\rangle, \tag{7.4}$$

$$\delta\langle\bar{q}q(x)\rangle = \frac{e^{i\boldsymbol{p}\cdot\boldsymbol{x}}}{V}\delta\langle\hat{\mathcal{O}}_{\rm S}^{\dagger}(\boldsymbol{p},t)\rangle \tag{7.5}$$

と振る舞う．ただし添字 ex を付けた期待値は外場がある系での期待値で，$\langle\bar{q}q\rangle$ は第 5 章で計算した外場がない場合の時間・空間的に一様な平均場である．

第 5 章では，期待値 $\langle\bar{q}q\rangle$ が時間・空間的に一様と仮定し，スカラー 4 点相互作用を $(\bar{q}q)^2 \to 2\bar{q}q\langle\bar{q}q\rangle - \langle\bar{q}q\rangle^2$ と近似して平均場近似ハミルトニアン (5.55) を得た．一方，外場がある状態では平均場は式 (7.4) のように時間・空間依存性をもつので，この効果を平均場近似に取り込む必要がある．そこで，式 (7.4) を考慮して平均場近似を行うと [3)]，

$$\begin{aligned}(\bar{q}q)^2 &\to 2\bar{q}q\langle\bar{q}q(x)\rangle_{\rm ex} - \langle\bar{q}q(x)\rangle_{\rm ex}^2 \\ &= 2\bar{q}q\langle\bar{q}q\rangle + 2\bar{q}q\delta\langle\bar{q}q(x)\rangle - \langle\bar{q}q(x)\rangle_{\rm ex}^2\end{aligned} \tag{7.6}$$

となる．

ところで，スカラー 4 点相互作用項は式 (7.1) を使って

$$g\int d^3x(\bar{q}(\boldsymbol{x},t)q(\boldsymbol{x},t))^2 = \frac{g}{V}\sum_{\boldsymbol{p}}\mathcal{O}_{\rm S}^{\dagger}(\boldsymbol{p},t)\mathcal{O}_{\rm S}(\boldsymbol{p},t) \tag{7.7}$$

と書ける．このことと，いま $\delta\langle\mathcal{O}_{\rm S}^{\dagger}(\boldsymbol{p},t)\rangle$ は外場と同じ運動量 $\boldsymbol{p}$ のもののみがゼロでない値をもつことから，式 (7.6) は

$$(\bar{q}q)^2 \to 2\bar{q}q\langle\bar{q}q\rangle + \frac{2g}{V}\mathcal{O}_{\rm S}^{\dagger}(\boldsymbol{p},t)\delta\langle\mathcal{O}_{\rm S}^{\dagger}(\boldsymbol{p},t)\rangle \tag{7.8}$$

としてよいことがわかる．ただし場と結合しない項 $\langle\bar{q}q\rangle_{\rm ex}^2$ は無視した．

4 点相互作用の平均場近似として式 (7.8) を採用すると，外場 (7.3) を加えた後の平均場近似ハミルトニアンは場と結合しない項を除いて

[3)] このような近似を時間依存ハートリー（—フォック）近似と呼ぶ．

$$H_{\mathrm{MF+ex}} = \int d\boldsymbol{x}\bar{q}(-i\gamma\cdot\nabla + M)q + 2g\mathcal{O}_{\mathrm{S}}(\boldsymbol{p},t)\delta\langle\mathcal{O}_{\mathrm{S}}^{\dagger}(\boldsymbol{p},t)\rangle + H_{\mathrm{ex}} \tag{7.9}$$

となる．式 (7.9) では，外場によって発生した $\delta\langle\mathcal{O}_{\mathrm{S}}^{\dagger}(\boldsymbol{p},t)\rangle$ の項がハミルトニアンに加わっているので，$\delta\langle\mathcal{O}_{\mathrm{S}}^{\dagger}(\boldsymbol{p},t)\rangle$ の振舞いを調べるにはこの項を含んだハミルトニアン $H_{\mathrm{MF+ex}}$ に基づく計算をしないといけない．つまりこの問題は，線形応答を解いた後に得られるべき $\delta\langle\mathcal{O}_{\mathrm{S}}^{\dagger}(\boldsymbol{p},t)\rangle$ の値が自分自身を決定する要因となるという再帰的構造をもつ，自己無撞着問題である．

この問題は複雑に見えるが，以下のように比較的容易に解くことができる．まず，式 (7.9) を

$$H_{\mathrm{MF+ex}} = H_{\mathrm{MF}} + \tilde{H}_{\mathrm{ex}}, \tag{7.10}$$

$$\tilde{H}_{\mathrm{ex}} = -\hat{\mathcal{O}}_{\mathrm{S}}(\boldsymbol{p},t)\{f(t) - 2g\delta\langle\hat{\mathcal{O}}_{\mathrm{S}}^{\dagger}(\boldsymbol{p},t)\rangle\} \tag{7.11}$$

と書き直す．ここで，H_{MF} は外場がないときの平均場ハミルトニアン (5.55) である．このように書き直すと，式 (7.11) は H_{MF} で記述される系に外場 $\tilde{H}_{\mathrm{ex}}$ を加えた線形応答と見ることができる．すると，有効的な外力 $f(t) - 2g\delta\langle\hat{\mathcal{O}}_{\mathrm{S}}^{\dagger}(\boldsymbol{p},t)\rangle$ と系に誘起される $\delta\langle\hat{\mathcal{O}}_{\mathrm{S}}^{\dagger}(\boldsymbol{p},t)\rangle$ の大きさは，線形応答によって

$$\delta\langle\hat{\mathcal{O}}_{\mathrm{S}}^{\dagger}(\boldsymbol{p},t)\rangle = \int ds\Pi_{\mathrm{S}}^{R}(\boldsymbol{p},t-s)\Big\{f(s) - 2g\delta\langle\hat{\mathcal{O}}_{\mathrm{S}}^{\dagger}(\boldsymbol{p},s)\rangle\Big\} \tag{7.12}$$

なる関係で結びつくことがわかる．ただしここで，$\Pi_{\mathrm{S}}^{R}(\boldsymbol{p},t)$ は H_{MF} で記述される系，すなわち質量 M の自由ディラック粒子系で計算した応答関数である．この関数は後に具体的に計算する．

式 (7.12) の時間変数をフーリエ変換してエネルギー空間に移行すると

$$\delta\langle\hat{\mathcal{O}}_{\mathrm{S}}^{\dagger}(\boldsymbol{p},\omega)\rangle = \Pi_{\mathrm{S}}^{R}(\boldsymbol{p},\omega)\Big\{f(\omega) - 2g\delta\langle\hat{\mathcal{O}}_{\mathrm{S}}^{\dagger}(\boldsymbol{p},\omega)\rangle\Big\} \tag{7.13}$$

が得られ，これを整理すれば

$$\delta\langle\hat{\mathcal{O}}_{\mathrm{S}}^{\dagger}(\boldsymbol{p},\omega)\rangle = \frac{1}{1 - 2g\Pi_{\mathrm{S}}^{R}(\boldsymbol{p},\omega)}f(\omega) \tag{7.14}$$

となる．これを式 (6.41) と比較すると，平均場の変化を自己無撞着に取り込ん

だ線形近似での応答関数は

$$D_{\mathrm{S}}^{R}(\boldsymbol{p},\omega) = \frac{1}{1-2g\Pi_{\mathrm{S}}^{R}(\boldsymbol{p},\omega)} \tag{7.15}$$

と書けることがわかる．

これと全く同じ議論は擬スカラーチャンネルにも適用できる．演算子 $\hat{\mathcal{O}}_{\mathrm{PS}}(\boldsymbol{p},\omega)$ によって系に誘起される場が 4 点相互作用 $g(\bar{q}i\gamma_5\tau_i q)^2$ に与える効果を同様にして取り込んだ計算を行うと，擬スカラーチャンネルの応答関数は

$$D_{\mathrm{PS}}^{R}(\boldsymbol{p},\omega) = \frac{1}{1-2g\Pi_{\mathrm{PS}}^{R}(\boldsymbol{p},\omega)} \tag{7.16}$$

となる．ただし $\Pi_{\mathrm{PS}}^{R}(\boldsymbol{p},t)$ は $\Pi_{\mathrm{S}}^{R}(\boldsymbol{p},t)$ と同様，H_{MF} で記述される自由粒子系で計算した応答関数である．

以上の式 (7.15)，(7.16) に至る計算が，乱雑位相近似 (RPA) と呼ばれるものである [4]．以上の計算では，外場 $\hat{\mathcal{O}}_{\mathrm{S,PS}}(\boldsymbol{p},\omega)$ によって系に誘起される場は $\delta\langle\hat{\mathcal{O}}_{\mathrm{S}}(\boldsymbol{p},\omega)\rangle$ のみであるという仮定が暗黙になされており，外場と違う運動量，エネルギーの励起が起こる可能性が無視されている．外場と異なるエネルギーの励起は，起こったとしても様々な振動数の重ね合わせによって抑制されることが期待できるというのが，このような近似が「乱雑位相」近似と呼ばれる所以である [5]．

7.1.2 $\Pi_{\mathrm{S}}^{R}(\boldsymbol{p},t)$，$\Pi_{\mathrm{PS}}^{R}(\boldsymbol{p},t)$ の計算

次に $\Pi_{\mathrm{S}}^{R}(\boldsymbol{p},t)$，$\Pi_{\mathrm{PS}}^{R}(\boldsymbol{p},t)$ を計算しよう．この計算を行うには，7.1.3 項で説明するファインマン図を使う方法が標準的で，また応用性が高く実用的である．しかし，ディラック演算子の反交換関係のみからも同じ結果を得ることができるので，ここではその方法で計算してみよう．またここでは，励起の温度依存性をみるために有限温度グリーン関数を計算することにする．ただし，煩雑さを避けるため以下では $\mu_q=0$，$\boldsymbol{p}=0$ に限って計算を行うことにしよう．6.3 節で説明したように，$\boldsymbol{p}=0$ のスペクトル関数に現れるデルタ関数の位置は中間

---

[4] 時間依存ハートリー—フォック近似の線形近似が RPA になる．

[5] RPA のより詳しい説明については文献 [50,52] などを参照．

子の質量に対応する．

スカラーチャンネルから計算を始めよう．$\boldsymbol{p}=0$ の演算子 $\hat{\mathcal{O}}_{\mathrm{S}}(\boldsymbol{0},t)$ は，第5章で導入した生成・消滅演算子を使うと

$$\hat{\mathcal{O}}_{\mathrm{S}}(\boldsymbol{0},t)=\sum_{c,f}\hat{\mathcal{O}}_{\mathrm{S}}^{c,f}(\boldsymbol{0},t), \tag{7.17}$$

$$\begin{aligned}\hat{\mathcal{O}}_{\mathrm{S}}^{c,f}(\boldsymbol{0},t)=\frac{1}{V}\sum_{\boldsymbol{p},s}\frac{1}{2E_p}\Big\{&2M\big(a^\dagger(\boldsymbol{p},s)a(\boldsymbol{p},s)-b(\boldsymbol{p},s)b^\dagger(\boldsymbol{p},s)\big)\\&+2p\big(a^\dagger(\boldsymbol{p},s)b^\dagger(-\boldsymbol{p},s)e^{2iE_pt}+b(-\boldsymbol{p},s)a(\boldsymbol{p},s)e^{-2iE_pt}\big)\Big\}\end{aligned} \tag{7.18}$$

と展開できる．ただし c と f はカラーとフレーバーの添字で，正確には $a(\boldsymbol{p},s)$, $b(\boldsymbol{p},s)$ にもこれらの添字が必要だが，簡略化のために省略してある．この演算子を応答関数 (6.42) に代入した結果を得るには，以下の演算子の期待値が必要になる：

$$\begin{aligned}&\langle a^\dagger(\boldsymbol{p},s)_{f_1c_1}b^\dagger(-\boldsymbol{p},s)_{f_2c_2}b(-\boldsymbol{p},s)_{f_3c_3}a(\boldsymbol{p},s)_{f_4c_4}\rangle\\&=f_{\boldsymbol{p}}^2\delta_{f_1f_4}\delta_{c_1c_4}\delta_{f_2f_3}\delta_{c_2c_3},\end{aligned} \tag{7.19}$$

$$\begin{aligned}&\langle b(-\boldsymbol{p},s)_{f_1c_1}a(\boldsymbol{p},s)_{f_2c_2}a^\dagger(\boldsymbol{p},s)_{f_3c_3}b^\dagger(-\boldsymbol{p},s)_{f_4c_4}\rangle\\&=(1-f_{\boldsymbol{p}})^2\delta_{f_1f_4}\delta_{c_1c_4}\delta_{f_2f_3}\delta_{c_2c_3}.\end{aligned} \tag{7.20}$$

ただし期待値は統計平均の意味であり，$f_{\boldsymbol{p}}=(e^{-E_p/T}+1)^{-1}$ はフェルミ分布関数である．また，生成消滅演算子のフレーバー，カラーの添字を明示的に書いた．これらを使うと，

$$\begin{aligned}&\langle[\hat{\mathcal{O}}_{\mathrm{S}}^{c,f\dagger}(\boldsymbol{0},t),\hat{\mathcal{O}}_{\mathrm{S}}^{c',f'}(\boldsymbol{0},0)]\rangle\\&=2\delta_{cc'}\delta_{ff'}\frac{1}{V}\sum_{\boldsymbol{p},s}\frac{p^2}{E_p^2}\big(e^{2iE_pt}-e^{-2iE_pt}\big)\big(f_{\boldsymbol{p}}^2-(1-f_{\boldsymbol{p}})^2\big)\end{aligned} \tag{7.21}$$

が得られ，$V\to\infty$ の極限をとったうえで t をフーリエ変換して整理すれば

$$\Pi_{\mathrm{S}}^R(\boldsymbol{0},\omega)=2N_cN_f\int\frac{d^3p}{(2\pi^3)}\frac{1}{E_p}\frac{4p^2}{(\omega+i\epsilon)^2-4E_p^2}\big(1-2f_{\boldsymbol{p}}\big) \tag{7.22}$$

を得る．擬スカラー演算子 $\hat{\mathcal{O}}_{\mathrm{PS}}(\mathbf{0},t)$ についても展開式 [6)]

$$\hat{\mathcal{O}}^{c,f}_{\mathrm{PS}}(\mathbf{0},t)=\frac{1}{V}\sum_{\boldsymbol{p},s}\left(a^{\dagger}(\boldsymbol{p},s)b^{\dagger}(-\boldsymbol{p},s)e^{2iE_pt}+b(-\boldsymbol{p},s)a(\boldsymbol{p},s)e^{-2iE_pt}\right) \tag{7.23}$$

を使い，同様な計算を行うことで，

$$\Pi^R_{\mathrm{PS}}(\mathbf{0},\omega)=2N_cN_f\int\frac{d^3p}{(2\pi^3)}\frac{1}{E_p}\frac{4E_p^2}{(\omega+i\epsilon)^2-4E_p^2}(1-2f_{\boldsymbol{p}}) \tag{7.24}$$

を得る．

式 (7.22)，(7.24) を式 (7.15)，(7.16) に代入することで $D^R_{\mathrm{S}}(\mathbf{0},\omega)$，$D^R_{\mathrm{PS}}(\mathbf{0},\omega)$ が得られる．

7.1.3 補足：ダイアグラムを使った解析

ここまで生成消滅演算子を使った解析を行ってきたが，同等の結果はファインマン図を使った摂動展開でも得られる．後者の方法は基礎知識が必要なので本書ではここまで避けてきたが，摂動の高次項の計算などの複雑な問題の場合は生成消滅演算子を使った解析はかえって不便で，ファインマン図を使う方法の方が機械的に計算でき，かつ汎用性も高い．そこでここでは，以上と同等の結果をファインマン図を使って導出する方法を簡単に紹介する．ただし，ここでは結果しか書かないので，詳細は場の理論の教科書 [1] を参照していただきたい．

場の理論の摂動論では，自由ディラック場のファインマン伝搬関数

$$G(p)=\frac{1}{i\not{p}-M} \tag{7.25}$$

を活用する．これを使うと，前節で登場した $\Pi^R_{\mathrm{S,PS}}(\boldsymbol{p},\omega)$ は

$$\Pi^R_{\mathrm{S}}(\boldsymbol{p},\omega)=\int\frac{d^4q}{(2\pi)^4}\mathrm{Tr}[G(p+q)G(q)], \tag{7.26}$$

6) 簡単のためにフレーバー空間の演算子 τ_i を無視してある．考慮しても結果は変わらないので読者自身の手で確かめてほしい．

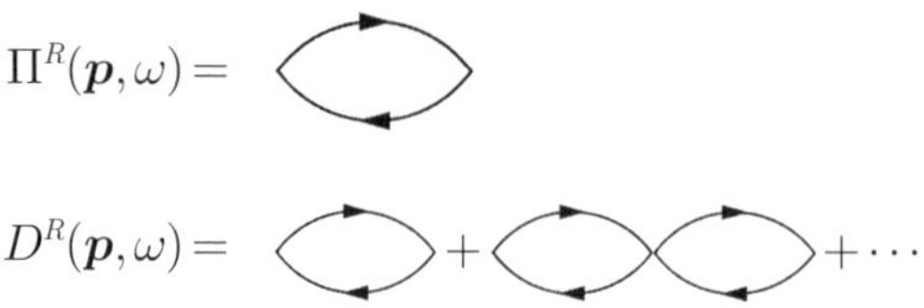

$$\Pi^R(\boldsymbol{p},\omega) = $$

$$D^R(\boldsymbol{p},\omega) = \quad + \quad + \cdots$$

図 7.1　$\Pi^R_{\mathrm{S,PS}}(\boldsymbol{p},\omega)$，$D^R_{\mathrm{S,PS}}(\boldsymbol{p},\omega)$ のファインマン図による表現．

$$\Pi^R_{\mathrm{PS}}(\boldsymbol{p},\omega) = \int \frac{d^4q}{(2\pi)^4} \mathrm{Tr}[G(p+q)i\gamma_5\tau_i G(q)i\gamma_5\tau_i] \tag{7.27}$$

と書ける．ただし，Tr はディラックスピノルとカラー，フレーバー空間でのトレースである．また，有限温度の計算を行うときには，dq^0 積分が松原和と呼ばれる離散和に置き換わる．式 (7.26)，(7.27) をファインマン図で表現すると，図 7.1 上のようになる．ただしここで矢印付きの線が伝搬関数 $G(p)$ を表している．また，乱雑位相近似による $D^R_{\mathrm{S,PS}}(\boldsymbol{p},\omega)$ は図 7.1 下のような「リングダイアグラムの足し上げ」で表現される．

7.2　南部―ゴールドストンモードおよびソフトモード

上で得られた $D^R_{\mathrm{S}}(\mathbf{0},\omega)$，$D^R_{\mathrm{PS}}(\mathbf{0},\omega)$ から解析的にわかることを整理しておこう．

7.2.1　南部―ゴールドストンモード

まず，カイラル極限 $m=0$ を考えることにし，$T<T_c$ のカイラル対称性が自発的に破れた相における励起を考察しよう．この場合，$M \neq 0$ であることに注意するとギャップ方程式 (5.70) の両辺を M で割った

$$1 - 2gN_fN_c \int \frac{d^3p}{(2\pi)^3} \frac{1}{E_p}(1-2f_{\boldsymbol{p}}) = 0 \tag{7.28}$$

が常に成立する．式 (7.28) と式 (7.16)，(7.24) を見比べると，$D^R_{\mathrm{PS}}(\mathbf{0},\omega)$ の分母 $1-2g\Pi^R_{\mathrm{PS}}(\mathbf{0},\omega)$ に $\omega=0$ を代入した結果が，式 (7.28) の左辺と全く同じ構造をしていることがわかる．つまり，$D^R_{\mathrm{PS}}(\mathbf{0},\omega)$ は $\omega=0$ に極をもつ．別の言い方をすれば，擬スカラーチャンネルの励起である π 中間子の質量が $m_\pi=0$ と

なることが結論できる．

質量ゼロの粒子の出現は偶然ではない．連続対称性が自発的に破れたときにはそれに伴って質量ゼロの粒子が出現することが知られており，このことは**南部—ゴールドストン (NG) の定理** [13, 106, 107] と呼ばれ，またこの際出現する質量ゼロの粒子は **NG モード**（粒子）と呼ばれる．相対論的な場の理論では破れた対称性の生成子の数だけ NG 粒子が現れる．NG 粒子の発現には有効ポテンシャルを使った幾何学的な理解が有効だが，多くの教科書に載っているため，ここでは省略する [7]．ここで見た $m_\pi = 0$ のパイ中間子の出現は NG 定理の帰結の一例である．

現実の QCD では u，d クォークが質量をもつため，カイラル対称性は厳密な対称性ではない．しかしこの場合も，クォーク質量が十分小さい場合にはカイラル極限からの類推により π 中間子の質量が軽いことが期待できる．実際，π 中間子の質量 $m_\pi \simeq 140$ MeV は他の中間子（たとえば ρ，ω 中間子の質量は約 $760 - 780$ MeV である）と比べて圧倒的に軽く，この事実は π 中間子を近似的な NG 粒子とみなすことで自然に説明される．次節では，NJL 模型にカレントクォーク質量を加えた場合の中間子の質量を具体的な数値計算で調べる．

次にスカラーチャンネルの応答関数 $D_{\mathrm{S}}^{R}(\mathbf{0}, \omega)$ を調べると，これも式 (7.28) との比較からこのチャンネルでは $\omega = 2M$ に極が存在することが確かめられる [13]．すなわち，$\omega = 2M$ 程度のスカラー中間子（σ 中間子）の存在が NJL 模型から予言される．これは今回の近似手法である RPA に依存した結果であり，NG 定理のように一般的なものではない．ここで得られた擬スカラー粒子，フェルミオン，スカラー粒子の質量比が $0 : 1 : 2$ となる関係は**南部関係式**と呼ばれる．

σ 中間子はカイラル凝縮 $\langle \bar{q}q \rangle$ の振幅の量子ゆらぎであるため，ワインバーグ—サラム模型のヒッグズ粒子に対応し，その実験的検証は QCD におけるカイラル対称性の自発的破れの 1 つの現象論的な証拠を与える [11] [8]．

---

[7] 文献 [6, 63] などを参照．

[8] 現実の σ 中間子は 2π 中間子およびグルーオンの作る $J^{PC} = 0^{++}$ の状態（グルーボール），さらには，ダイクォーク—反ダイクォークからなる「テトラクォーク」状態 [108] とも結合する．また，π 中間子の相互作用を QCD に基づいて精密に扱うには，カイラル摂動論およびその総和法を適用する必要がある．そのため，σ 中間子は

7.2.2　連続状態

$\Pi^R_{\mathrm{S,PS}}(\mathbf{0},\omega)$ の虚部は，式 (6.13) を使うと

$$\mathrm{Im}\Pi^R_{\mathrm{S}}(\mathbf{0},\omega) = -8N_cN_f\int\frac{d^3p}{(2\pi^3)}\frac{p^2}{4E_p^2}\bigl(-\pi\delta(\omega-2E_p)+\pi\delta(\omega+2E_p)\bigr)$$
$$= \frac{N_cN_f}{\pi}\frac{2((\omega/2)^2-M^2)^{3/2}}{\omega}\theta(\omega^2-4M^2), \tag{7.29}$$
$$\mathrm{Im}\Pi^R_{\mathrm{PS}}(\mathbf{0},\omega) = \frac{N_cN_f}{\pi}\frac{2((\omega/2)^2-M^2)^{3/2}}{\omega}\theta(\omega^2-4M^2) \tag{7.30}$$

と計算でき，$|\omega|>2M$ のときに $\mathrm{Im}\Pi^R_{\mathrm{S,PS}}(\mathbf{0},\omega)\neq 0$ となる．これにより，各チャンネルのスペクトル関数

$$\rho_{\mathrm{S,PS}}(\mathbf{0},\omega) = \frac{1}{\pi}\mathrm{Im}D^R_{\mathrm{S,PS}}(\mathbf{0},\omega) \tag{7.31}$$

には $|\omega|>2M$ に**連続状態** [9] が出現する．

この連続状態は，クォークと反クォークが 1 個ずつ励起された状態に対応する．いま，$\boldsymbol{p}=0$ の外場によって系に励起されるのは全運動量 $\boldsymbol{p}=0$ の状態であり，そのような状態はクォークと反クォークを逆向きの運動量で生成すれば作れる．この状態のエネルギー $2E_p$ は各クォークの運動量を変えることで連続的に変化させられるので，エネルギースペクトルが連続的になるのである．クォーク・反クォーク状態を作るのに必要な最低エネルギーはクォーク質量の 2 倍であり，これが $|\omega|>2M$ に連続状態が現れる理由である．連続状態の始まるエネルギー（ここでは $\omega=2M$）を**しきい値** (threshold) と呼ぶ．しきい値以上のエネルギーでは，スペクトル関数にデルタ関数が出現することはなく，対応する物理的励起状態があったとしても幅をもったピークとなり，物理的にはクォークと反クォークの対に崩壊する不安定な状態を表す．

7.2.3　ソフトモード

第 5 章で見たように，カイラル極限 $m=0$ の場合，NJL 模型の平均場近似で

QCD ダイナミクスの結節点のような存在であるとも言えるが，その存在を実験的に検証するためには詳細な理論解析が必要である．最新の実験および理論解析の状況については Particle Data Group の報告 [5]，また格子 QCD によるスカラー中間子の計算の試みについては [109] を参照．

[9] $\rho_{\mathrm{S,PS}}(\mathbf{0},\omega)$ が連続的な関数となる場合を，孤立したデルタ関数をもつ構造との対比でこのように呼ぶ．

得られる有限温度のカイラル相転移は二次相転移である．この相転移点直上ではギャップ方程式の非自明な解が $M=0$ に漸近するので，式 (7.28) に $M=0$ を代入した

$$1-2gN_fN_c\int\frac{d^3p}{(2\pi)^3}\frac{1}{E_p}\left(1-2f_{\boldsymbol{p}}\right)\Big|_{M=0,T=T_c}=0 \tag{7.32}$$

が成立する．

$T>T_c$ では，カイラル対称性が回復しており $M=0$ であるため，

$$D^R_{\mathrm{S}}(\mathbf{0},\omega)=D^R_{\mathrm{PS}}(\mathbf{0},\omega) \tag{7.33}$$

が成立する．つまり，カイラル回復相ではスカラー場と擬スカラー場は縮退する．また，$D^R_{\mathrm{S,PS}}(\mathbf{0},\omega)$ に $M=0$ を代入すると，これらの関数の分母が

$$1-2\Pi^R_{\mathrm{S,PS}}(\mathbf{0},\omega)=1-2gN_cN_f\int\frac{d^3p}{(2\pi^3)}\frac{4p}{(\omega+i\epsilon)^2-4p^2}\left(1-2f_{\boldsymbol{p}}\right) \tag{7.34}$$

となる．この結果を式 (7.32) と比較すると，式 (7.34) は $\omega=0$ かつ $T=T_c$ でゼロとなることがわかる．つまり，$T=T_c$ ではこれら 2 つの応答関数が $\omega=0$ に極をもつことが結論される．言い換えれば，$T=T_c$ では σ，π 中間子の質量が $m_\sigma=m_\pi=0$ となる．

また，上の議論から秩序変数の応答関数に $M=0$ および $\omega=0$ を代入した，

$$\left(D^R_{\mathrm{S,PS}}(\mathbf{0},0)\right)^{-1}=0 \tag{7.35}$$

を温度 T について解けば二次相転移の臨界温度 T_c が決まる．二次相転移の場合，集団モードがゼロエネルギーとなる条件によって臨界条件が与えられるという関係 (7.35) は超伝導の場合にサウレスが与えたもの [110] であり，一般に**サウレス基準** (Thouless criterion) と呼ばれる．

$T=T_c$ で $\omega=0$ に存在する質量ゼロの励起は，温度を変えた際には ω 空間 [10] を連続的に移動するため，T_c 付近では $D^R_{\mathrm{S,PS}}(\mathbf{0},\omega)$ は低エネルギーの極

10) 正確には複素 ω 空間．遅延グリーン関数の極は一般に複素下半平面に存在する．148 ページの脚注 3) 参照．

をもつことになる．つまり，二次相転移の臨界温度付近では秩序変数場の集団運動モードが低エネルギーに出現する．このようなモードのことを**ソフトモード**と呼ぶ．

ソフトモードの出現は，熱力学ポテンシャル $\omega(M)$ の振舞いから物理的に理解できる．第5章で見たように，$\omega(M)$ の原点 $M=0$ は $T=T_c$ で極大値から極小値へと変化する．つまり，

$$\omega(M) = \omega_0 + \omega_2 \frac{M^2}{2} + \omega_4 \frac{M^4}{4!} + \cdots \tag{7.36}$$

と $\omega(M)$ を $M=0$ のまわりでテイラー展開したときの展開係数は，$T=T_c$ で $\omega_2=0$ となる．このことは，$T=T_c$ では M の値が容易に変化でき，復元力が弱いことを意味し，これがモードのソフト化の起源である．

$T<T_c$ では，$D^R_{\mathrm{PS}}(\mathbf{0},\omega)$ の極はNG粒子へと連続的につながる．また，$T>T_c$ では $M=0$ なので ω の全域が連続状態であり，ソフトモードはスペクトル関数上では幅をもったピークとして現れる．ただし，$T\simeq T_c$ のときにはピークの幅は狭く，準安定な粒子状態とみなせる．一方，高温では幅が広がり明快なピークが観測されなくなるが，これは中間子的モードがクォークと反クォークの対に崩壊し不安定化することに対応する．

7.3　中間子質量の温度依存性

以上で解析的にわかることを見てきたが，一般には中間子質量に関する上のような解析的な議論は難しい．そこで，ここからは式(5.71)で採用したパラメータのNJL模型を使ってスカラーおよび擬スカラーチャンネルの集団運動モードの温度依存性を数値的に調べることにしよう．

スペクトル関数に極が現れる場合，しきい値より低エネルギーであれば極の位置は $D^R_{\mathrm{S,PS}}(\mathbf{0},\omega)$ の分母の実部がゼロになる条件

$$1 - 2g\mathrm{Re}\Pi^R_{\mathrm{S,PS}}(\mathbf{0},\omega) = 0 \tag{7.37}$$

を ω について解くことで得られる．一方，式(7.37)がしきい値より高エネル

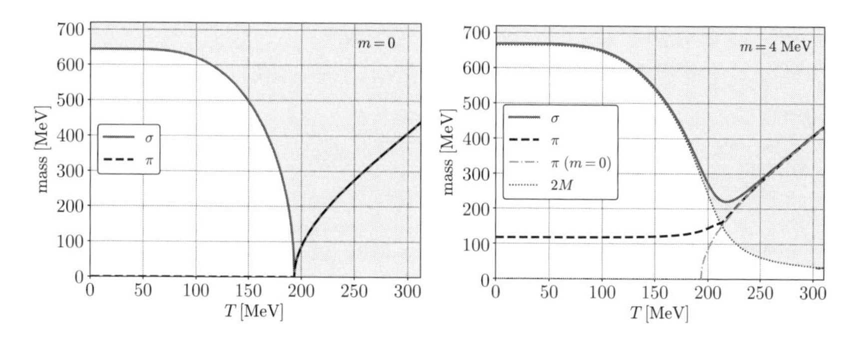

図 **7.2** NJL 模型で計算された σ および π 中間子質量の温度依存性. 左図はカイラル極限 $m = 0$, 右図は $m = 4$ MeV の結果（口絵 5 参照）.

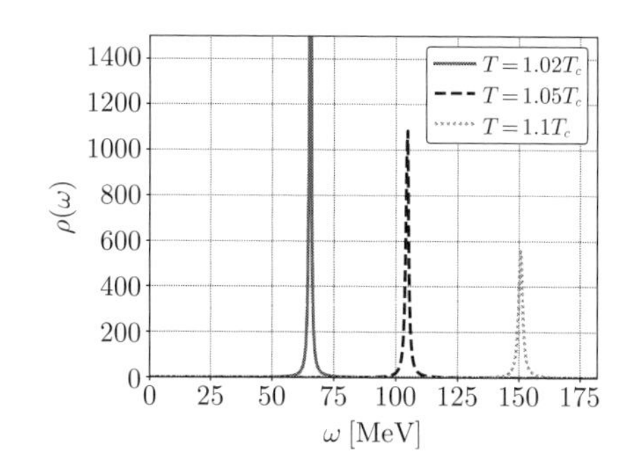

図 **7.3** $T > T_c$ におけるスペクトル関数 $\rho_{\mathrm{S,PS}}(\mathbf{0}, \omega)$.

ギーに解をもつ場合，集団モードは幅をもったピークとなり式 (7.37) の解は極とは直接対応しない．しかし，この場合もピークの幅が狭いときには式 (7.37) の解はピークの位置に概ね対応する．そこで，以下では式 (7.37) の解を質量とみなして，その値を数値的に調べることにしよう．

まず，カイラル極限 $m = 0$ の場合から議論を始める．図 7.2 左に σ および π 中間子質量の T 依存性を示した．カイラル極限で $T < T_c$ の場合には，前節で議論したように，これらの中間子はそれぞれ $m_\sigma = 2M$, $m_\pi = 0$ に極をもち，$T = T_c$ で共に $m_\sigma = m_\pi = 0$ となる．一方，$T > T_c$ では式 (7.37) の解は温度の上昇とともに幅をもちながら高エネルギーへと移動していく．この様子を見るために，図 7.3 に $T > T_c$ でのスペクトル関数をいくつかの温度に対して示した．前節で説明したように，この場合はスカラーと擬スカラーのスペクトル関数は縮退しているので，示してある結果は各温度で1つだけである．図7.3からは，T の上昇とともにソフトモードが徐々に不安定化していくことがわかる．

次に，$m = 4$ MeV とした場合を調べてみよう．この場合の σ，π 中間子の質量の T 依存性を図7.2右に示した．$m \neq 0$ の場合には，カイラル極限では NG 粒子である π 中間子が有限の質量をもつ．$T = 0$ での π 中間子の質量は $m_\pi \simeq 118$ MeV である[11)]．図7.2右には，構成子クォーク質量の2倍を点線で示してあり，この線より上の網かけされた領域が連続状態を表す．低温における σ 中間子の質量は，$m \neq 0$ の場合には $2M$ よりもわずかに大きく，連続状態に存在する不安定なモードであることがわかる．σ 中間子の質量は $T \simeq 200$ MeV で最小となった後高温で再び増加し，π 中間子の質量と縮退する傾向を示す．一方，π 中間子の質量は $T < 150$ MeV では概ね定数で，高温では増加する．また，π 中間子の質量は $T \simeq 210$ MeV で連続状態に入るため，これより高温では幅をもった不安定なモードとなる．

これらの結果は，カイラル極限 $m = 0$ の結果との類推で理解することができる．$m = 0$ のとき，σ 中間子はソフトモードであるため $T = T_c$ で質量がゼロになる．$m = 4$ MeV の場合に σ 中間子の質量が $T \simeq 200$ MeV で軽くなるのはこの振舞いの名残りと理解できる．図7.2右には，カイラル極限との比較を行うために $m = 0$ での π 中間子の質量を細い一点鎖線で示してある．$T > T_c$ で σ，π 両中間子の質量がこの結果に漸近することは，カイラル対称性が近似的に回復するためだと理解できる．

以上の結果から明らかなように，中間子の性質は温度などの環境に応じて変化する．これは，中間子が素粒子ではなく複合体である以上，当然のことといえる．また，これらのモードは温度の上昇に伴って幅をもち，安定な粒子として存在しなくなることを意味する．

このような中間子の性質の変化を格子 QCD 数値計算や加速器実験で調べるのは興味深い．ただし，格子 QCD 数値計算でスペクトル関数を調べるのは容易ではない．格子 QCD 数値計算は通常虚時間形式で行われるため，実時間への解析接続が必要になるためであり，特に有限温度系ではこの問題が著しく困

11) この質量は現実の $m_\pi \simeq 140$ MeV と比べてやや小さいが，これはパラメータ (5.71) が $m = 5.5$ MeV の場合に m_π を再現するように決められているためである．

難である．最大エントロピー法 [111] を使ったスペクトル関数の解析などが提案されているが，現在も発展途上の課題である．

重イオン衝突実験では，ベクトル中間子のスペクトル関数をレプトン対生成率 [12] と呼ばれる物理量で測定でき，興味深い結果が得られている．また，陽子・原子核衝突実験によって重い原子核の内部における中間子の質量変化を示す実験結果が得られている [112]．J/ψ 粒子などの重クォークを含む中間子の高温状態でのクォーク・反クォーク対への解離の実験的検証も，重イオン衝突実験における重要な課題である．

質量が軽い中間子は容易に熱的励起されるため，中間子のソフト化は様々な物理量に影響をもたらすことが期待できる．そのような例として，次章ではクォークの準粒子描像への影響を調べる．さらに，ソフトモードはカラー超伝導の相転移でも発達することが期待できる．これについては第 9 章で詳しく扱う．

---

[12] レプトン対生成率に関する詳しい説明は 9.4 節を参照のこと．

第8章 熱媒質中のクォーク励起の異常分散

前章では，中間子の励起に着目してカイラル相転移に伴う集団運動モードの変化を調べ，カイラル対称性の自発的破れに伴うNG粒子として質量ゼロのπ中間子が出現することや，有限温度での二次相転移に伴いσおよびπ中間子がソフトモードとして振る舞うことなどを見た．この結果は，これらのハドロンがQCD階層のカイラル対称性とその自発的破れに伴い動力学的に作り出される集団運動モードであり，それゆえに温度や密度が変化すれば性質が変化することを如実に示している．

一方，相互作用する場の理論全般に目を向ければこのような集団運動モードの出現は珍しいものではなく，むしろありふれている．たとえば，光子は真空中では質量をもたないが，プラズマ中で荷電粒子と相互作用する場合には媒質効果によって質量をもった集団運動モード，**プラズモン** [113] として振る舞うことが知られている．これと同様に，高温高密度のQCD物質でも中間子以外の様々な集団運動モードが現れ，物質構造の変化に応じて特徴的に振る舞うことが期待できる．そのような集団運動モードは，重イオン衝突実験や格子QCD数値計算で物質を調べる際の指標にもなりうる．

本章では，このような問題の一例としてQCDの基本自由度の1つであるクォークに着目し，臨界温度より高温$T > T_c$でクォークの励起がどのような媒質効果をもつかを調べることにする．まず，高温プラズマ中では，質量をもたないディラック粒子が熱的媒質との相互作用によって温度に依存する質量（**熱質量**と呼ばれる）をもつ粒子として振る舞うことを示す．次に，カイラル相転移に伴うソフトモードが臨界点付近でクォークの物理的特性を大きく変化させる可能性を考察する．T_c付近ではσ，π中間子がソフト化し熱的に励起しやすくなるので，系の様々な性質に強く影響することが予想される．実際，これらのモードの効果をクォークの伝播に取り込むと，興味深いことにクォークスペクトルに 3 種類の集団運動モードが現れる．なお，本章では $\mu_q = 0$ の場合に限定して議論を行う．

8.1 クォークスペクトル関数

クォークの励起の性質を調べるためにはクォークのスペクトル関数を調べればよい．そこでまず最初に，ディラック場のスペクトル関数の一般的性質を整理しておこう．まず，ディラック場 $\psi(\boldsymbol{x}, t)$ の遅延グリーン関数は，

$$S^R_{ab}(\boldsymbol{x}, t) = \langle \{\psi_a(\boldsymbol{x}, t), \bar{\psi}_b(\boldsymbol{0}, 0)\}\rangle \theta(t), \tag{8.1}$$

$$S^R_{ab}(\boldsymbol{p}, \omega) = \int \frac{d^3\boldsymbol{p}d\omega}{(2\pi)^4} e^{-i\boldsymbol{p}\cdot\boldsymbol{x}+i\omega t} S^R_{ab}(\boldsymbol{x}, t) \tag{8.2}$$

と定義される．ただし，ディラック場がフェルミ粒子であることに対応し，式 (8.1) では反交換関係 $\{\cdot, \cdot\}$ が使われている．また，添字 a，b は $\psi(\boldsymbol{x}, t)$ の 4 成分スピノル成分を示す．この添字からわかるように，式 (8.2) は 4×4 行列である．この行列構造は，系がパリティおよび回転変換のもとで不変であることを要請すると，

$$S^R_{ab}(\boldsymbol{p}, \omega) = S^R_{\mathrm{m}}(p, \omega)\delta_{ab} + S^R_0(p, \omega)(\gamma^0)_{ab} - S^R_{\mathrm{v}}(p, \omega)(\hat{\boldsymbol{p}} \cdot \boldsymbol{\gamma})_{ab} \tag{8.3}$$

と分解できる [114, 115]．ただし $p = |\boldsymbol{p}|$，$\hat{\boldsymbol{p}} = \boldsymbol{p}/p$ である．以下ではスピノルの添字は省略する．スピノル空間のトレース Tr_D に対し $S^R_{\mathrm{m}}(p, \omega) = (1/4)\mathrm{Tr}_D[S^R(\boldsymbol{p}, \omega)]$，$S^R_0(p, \omega) = (1/4)\mathrm{Tr}_D[S^R(\boldsymbol{p}, \omega)\gamma^0]$，$S^R_{\mathrm{v}}(p, \omega) = (1/4)\mathrm{Tr}_D[S^R(\boldsymbol{p}, \omega)\hat{\boldsymbol{p}} \cdot \boldsymbol{\gamma}]$ である．

本章では以下簡単のため，系が厳密なカイラル対称性をもち，かつ対称性が自発的に破れていない場合を考えることにする．この場合，式 (8.1) の期待値がカイラル変換に対して不変であることから $S_{\mathrm{m}}(p, \omega) = 0$ が示せる．

式 (8.3) のスピノル構造をさらに整理するために，射影作用素

$$\Lambda_\pm(\boldsymbol{p}) = \frac{1 \pm \gamma^0 \hat{\boldsymbol{p}} \cdot \boldsymbol{\gamma}}{2} \tag{8.4}$$

を導入すると式 (8.3) は

$$S^R(\boldsymbol{p},\omega) = S_+^R(p,\omega)\Lambda_+(\boldsymbol{p})\gamma^0 + S_-^R(p,\omega)\Lambda_-(\boldsymbol{p})\gamma^0, \tag{8.5}$$

$$S_\pm^R(p,\omega) = S_0^R(p,\omega) \pm S_{\rm v}^R(p,\omega) \tag{8.6}$$

と書き直せる．このとき，式 (8.4) は粒子と反粒子への射影，$S_\pm^R(p,\omega)$ は粒子および反粒子のグリーン関数と解釈できる．実際，質量ゼロの自由ディラック粒子のグリーン関数が

$$\frac{1}{\not p} = \frac{\not p}{p^2} = \frac{\Lambda_+(\boldsymbol{p})\gamma^0}{p^0 - |\boldsymbol{p}|} + \frac{\Lambda_-(\boldsymbol{p})\gamma^0}{p^0 + |\boldsymbol{p}|} \tag{8.7}$$

と書けることから，この場合 $S_\pm^R(p,\omega) = (\omega \mp |\boldsymbol{p}| + i\epsilon)^{-1}$ はそれぞれ正および負エネルギーに粒子と反粒子に対応する極をもつ．なお，式 (8.5)，(8.7) の右辺に γ^0 が存在するのは，グリーン関数 (8.2) の定義における生成演算子として $\psi^\dagger$ ではなく $\bar\psi = \psi^\dagger\gamma^0$ を採用しているためである．

ディラック粒子のスペクトル関数は

$$\rho(\boldsymbol{p},\omega) = \frac{1}{\pi}{\rm Im}S^R(\boldsymbol{p},\omega) = \frac{1}{\pi}\left(S^R(\boldsymbol{p},\omega) - \gamma^0 S^R(\boldsymbol{p},\omega)^\dagger\gamma^0\right) \tag{8.8}$$

である．$S^R(\boldsymbol{p},\omega)$ がエルミート行列でないため，虚部が最右辺のように γ^0 を伴うことに注意しよう．式 (8.8) は，式 (8.4) と同様に

$$\rho(\boldsymbol{p},\omega) = \rho_0(p,\omega)\gamma^0 - \rho_{\rm v}(p,\omega)\hat{\boldsymbol{p}}\cdot\boldsymbol{\gamma} \tag{8.9}$$

$$= \rho_+(p,\omega)\Lambda_+(\boldsymbol{p}) + \rho_-(p,\omega)\Lambda_-(\boldsymbol{p}), \tag{8.10}$$

$$\rho_\pm(p,\omega) = \rho_0(p,\omega) \mp \rho_{\rm v}(p,\omega) \tag{8.11}$$

と分解でき，$\rho_\pm(p,\omega)$ は粒子と反粒子のスペクトル関数に対応する．自由ディラック粒子に対しては

$$\rho_\pm(p,\omega) = \delta(\omega \mp |\boldsymbol{p}|) \tag{8.12}$$

である．

最後に，ディラック場の化学ポテンシャルが $\mu = 0$ を満たすときには統計集団が荷電共役対称性をもつ．このときは，

$$\rho_+(p, \omega) = \rho_-(p, -\omega) \tag{8.13}$$

が成立する [114]．また，カイラル対称性が明示的あるいは自発的に破れている場合にはディラック場のスペクトル関数に対する式 (8.10) のような単純な分解は一般に存在しない．

8.2 弱結合ゲージ理論におけるプラズミーノモードの出現

次に，媒質中におけるディラック粒子の励起の性質を調べよう．具体的な系としては，量子電磁気学 (QED) において光子と相互作用する電子や，QGP 内部でグルーオンと相互作用するクォークなどが挙げられる．これらの系が十分高温の場合には，ディラック粒子の質量 m が無視できる．また，QED の電磁的結合定数 e は小さく，QCD でも十分高温では漸近的自由性から結合定数 g は小さい．以下では，これら高温の系を想定し，$m = 0$ としたうえで摂動論的な解析を行う．

有限温度系でディラック粒子の励起が変更される効果を計算するには，ディラック粒子の遅延自己エネルギー $\Sigma^R(\boldsymbol{p}, \omega)$ に相互作用の効果を取り込んだうえでクォークの遅延グリーン関数

$$S^R(\boldsymbol{p}, \omega) = \frac{1}{(\omega + i\epsilon)\gamma^0 - \boldsymbol{p} \cdot \boldsymbol{\gamma} - \Sigma^R(\boldsymbol{p}, \omega)} \tag{8.14}$$

を計算し，スペクトル関数の極を調べればよい．自己エネルギー $\Sigma^R(\boldsymbol{p}, \omega)$ はファインマン図を使って摂動的に計算できるが，摂動論の最低次では QED に関しては図 8.1 のようなダイアグラムが寄与する．QCD なら図 8.1 の光子線をグルーオンに置き換えたものになる．

図 8.1 のダイアグラムの計算において，$p, \omega \ll T$ が成立するエネルギー運動量領域では硬熱ループ (hard thermal loop: HTL) 近似と呼ばれる近似が正当化できる [115]．この近似のもとで $\Sigma^R(\boldsymbol{p}, \omega)$ を計算し，スペクトル関数 $\rho_\pm(p, \omega)$

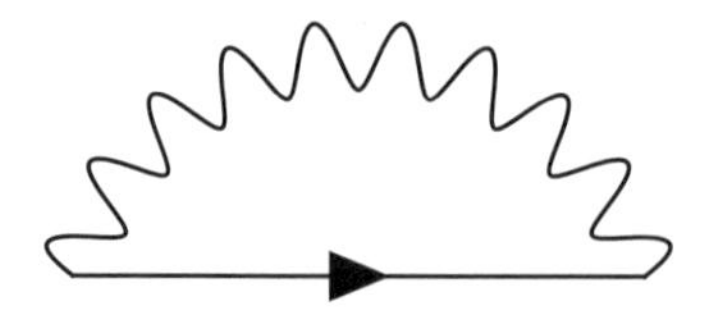

図 **8.1**　QED におけるディラック粒子の自己エネルギーの最低次の寄与．実線と波線はディラック粒子と光子のグリーン関数．

を構成すると，$\rho_\pm(p,\omega)$ には 2 つの極（デルタ関数）と連続状態が現れ，

$$\rho_+(p,\omega) = Z_1(p)\delta(\omega - E_1(p)) + Z_2(p)\delta(\omega + E_2(p)) + \rho_{\rm cont}(p,\omega) \tag{8.15}$$

という構造をもつことが知られている [115]．ただしここで $E_1(p)$，$E_2(p)$ は正の量で，時間的領域 $E_1(p) > p$，$E_2(p) > p$ に存在し，$p = 0$ で共通の値 $E_1(0) = E_2(0) = m_T$ をもつ．つまり，この分散関係 $E_1(p)$，$E_2(p)$ に対応する**クォークの集団運動モード**は質量 m_T をもった粒子のように振る舞う．m_T のことを**熱質量** (thermal mass) と呼び，QED および QCD プラズマにおいて

$$m_T = \begin{cases} \frac{1}{\sqrt{8}}eT & \text{(QED)} \\ \frac{1}{\sqrt{6}}gT & \text{(QCD)} \end{cases} \tag{8.16}$$

となる [1]．QED プラズマ中では，光子の集団運動モードが同様に $p = 0$ で有限の励起エネルギー（熱質量）をもつことが知られており，この集団運動モードはプラズモン [113] と呼ばれる．ディラック粒子の熱質量も類似の機構によって発生するものと理解できる．$p > 0$ における $E_1(p)$，$E_2(p)$ を数値的に計算した結果を図 8.2 に示す．この図からわかるように，$E_2(p)$ は有限運動量に最小値をもつという特異な構造をしている．集団運動モード $E_2(p)$ は，しばしば**プラズミーノ** (plasmino) [115] と呼ばれる [2]．

[1] 硬熱ループ近似はソフト領域 $p,\omega \sim gT \ll T$ で妥当な近似だが，式 (8.16) に現れた熱質量は $e,g \ll 1$ ではこのエネルギー運動量領域に位置する．したがって，硬熱ループ近似で得た式 (8.16) の結果は $e,g \ll 1$，すなわち弱結合の場合には正当化できる [116]．よりソフトな流体モード領域 $p,\omega \sim g^2T$ でのフェルミオン励起についての解析も行われている [117]．

[2] $E_1(p)$，$E_2(p)$ を総称してプラズミーノと呼ぶこともある．通常の粒子や反粒子はカイラリティとヘリシティが同じなのに対し，プラズミーノ状態ではカイラリティとヘリシティの積が負になることが知られている．また，$E_2(p)$ のように有限運動量に極小値をもつ構造は，物性系ではロトン励起などで現れることが知られている [68]．

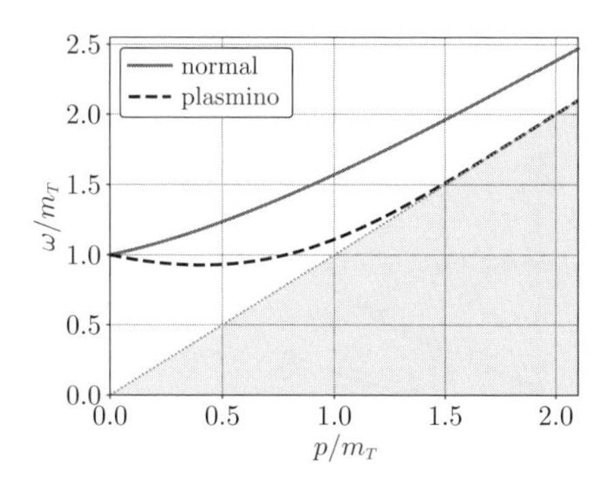

図 **8.2** 硬熱ループ (HTL) 近似で得られたクォークの励起エネルギー.

一方, 式 (8.15) の連続状態 $\rho_{\mathrm{cont}}(p,\omega)$ は $|\omega| \leq p$ の空間的領域で $\rho_{\mathrm{cont}}(p,\omega) \neq 0$ となる関数である. この連続状態は, 熱的に励起したゲージ場とディラック場の散乱が引き起こす**ランダウ減衰** [113, 115] と呼ばれる過程に対応する.

式 (8.15) からわかるように, プラズミーノ $E_2(p)$ は粒子スペクトル $\rho_+(p,\omega)$ の負エネルギー領域に現れる. これは, 粒子のホール状態と解釈でき, 反粒子と同じ粒子数 -1 をもつ状態であり, 熱質量は粒子と粒子ホールの準位反発として理解できる. また, $p > m_T$ ではノーマルモード $E_1(p)$ の留数 $Z_1(p)$ が急速に 1 に漸近するのに対し, プラズミーノの留数 $Z_2(p)$ は急速に減少する [115]. つまり, プラズミーノモードが物理的に重要な寄与をするのは $p \lesssim m_T$ の運動量領域に限られる.

8.3 格子 QCD によるクォークスペクトル関数の数値計算

上で行った計算では, 摂動論の最低次で自己エネルギーを評価した. QED や超高温の QCD のような弱結合系であればこの近似で物理的特徴がよく捉えられるのに対し, QCD のカイラル相転移温度付近では QCD の結合定数は大きく, 摂動論の適用は妥当性を失うかもしれない. それでは, この温度領域において非摂動効果はクォークスペクトル関数にどのような効果を及ぼすだろうか.

QCD の非摂動領域を調べるためには, 格子 QCD 数値計算を使うのがよい.

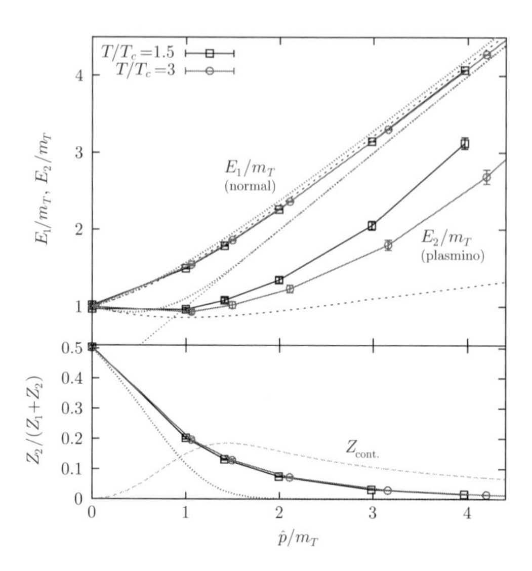

図 8.3　格子数値計算で得られた温度 $T = 1.5T_c$，$3T_c$ におけるクォーク分散関係 [118].

文献 [114, 118, 119] において格子 QCD 数値計算によるクォークスペクトル関数の解析が行われ，図 8.3 のような結果が得られた[3]．ただし，格子数値計算で得られる虚時間相関関数の情報からスペクトル関数を推定する際に，スペクトル関数 $\rho_\pm(p,\omega)$ が式 (8.15) のデルタ関数のみから構成されるという仮定のもとで，E_1，E_2，Z_1，Z_2 の 4 つのパラメータを推定する解析で得られた結果である．

クエンチ近似では有限温度相転移が一次相転移となり，臨界温度 T_c が明確に定義できる．図 8.3 に示した 2 種類の結果は，$T = 1.5T_c$，$3T_c$ における結果を示しており，いずれも熱質量をもったモード E_1，E_2 が現れる．また，熱質量の値は $T = 1.5T_c$，$3T_c$ で $m_T/T = 0.7 \sim 0.8$ 程度という結果が得られており [118]，この値と式 (8.16) からは $g \simeq 2$ が得られる．なお，この解析で行ったスペクトル関数に対する仮定は，$T > T_c$ では格子数値計算で得られる虚時間相関関数をよく再現するが，$T < T_c$ での計算結果とは全く整合しないという結果

[3] ただし，これらの解析はクエンチ近似と呼ばれる，動的なクォーク励起を無視した近似に基づいて行われたものである．また，クォークスペクトル関数の計算にはゲージ固定が必要であるため，この解析ではランダウゲージ固定が行われている．

も得られている [114]．つまり，$T < T_c$ ではクォークの粒子描像自体の破綻を示しており，これは物理的に自然な結果である．

8.4　有限質量ボース粒子との相互作用

8.2 節でのディラック場のスペクトル関数の計算は，結合定数が十分小さいことに加え，粒子の質量をすべて無視して行われた．この質量に関する条件は，各粒子の質量がもともとゼロであるか，あるいはディラック粒子の質量を m_{D}，これと相互作用するボース粒子の質量を m_{B} としたとき，$m_{\mathrm{D}} \ll T$ かつ $m_{\mathrm{B}} \ll T$ が成立するような高温であれば正当化できる．しかし，一般には m_{D} や m_{B} が T と同程度の大きさをもつ系も考えられる．このような系におけるディラック場の集団運動モードはどのように振る舞うのだろうか．

この問題は，ディラック粒子の自己エネルギーとして図 8.1 の 1 ループダイアグラムを考慮する範囲では，有限の m_{D} の効果を取り入れた計算が文献 [120]，有限の m_{B} を取り入れたものが文献 [121]，両者を共に考慮したものが文献 [122] で行われた．

話を具体的にするために，質量 m_{D} のディラック場 ψ と質量 m_{B} のスカラー場 σ から構成された湯川模型

$$\mathcal{L}_{\mathrm{Yukawa}} = \bar{\psi}(i\partial\!\!\!/ - m_{\mathrm{D}} - g\sigma)\psi + \frac{1}{2}(\partial_\mu\sigma)^2 - \frac{1}{2}m_{\mathrm{B}}^2\sigma^2 \tag{8.17}$$

を採用し，結合定数 g が小さいとして ψ のスペクトル関数を摂動論で計算してみよう．それには，自己エネルギーの計算で図 8.1 の光子を有限質量のスカラー粒子に置き換えたダイアグラムを計算すればよい．まず，$m_{\mathrm{D}} \ll T$ かつ $m_{\mathrm{B}} \ll T$ の高温を考えると，8.2 節と同様に熱質量をもった集団運動モードが得られ，$g \ll 1$ で HTL 近似が使える場合には分散関係は図 8.2 と同じものが得られる．ただし熱質量は $m_T = gT/4$ に置き換わる．一方，$T \ll m_{\mathrm{D}}$ あるいは $T \ll m_{\mathrm{B}}$ が満たされる低温領域では温度効果が質量で抑制されるので，この場合のスペクトル関数は自由ディラック粒子と同じものになるはずである．したがって，この模型でスペクトル関数の T/m_{D} あるいは T/m_{B} への依存性を調

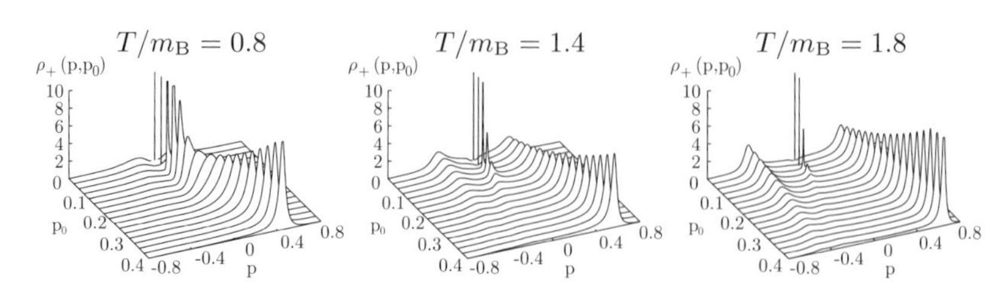

図 **8.4**　湯川模型 (8.17) で得られたディラック粒子のスペクトル関数 [121] のエネルギー p_0 および運動量 $p = |\boldsymbol{p}|$ への依存性．左から順に，$T/m_\mathrm{B} = 0.8$, 1.4, 1.8 での結果．

べると，8.2 節でみた熱質量をもった集団運動モードが温度の上昇とともにどのように発現するかを見ることができる．

ここでは例として，$m_\mathrm{D} = 0$，$m_\mathrm{B} \neq 0$ の計算を見てみよう [121]．図 8.4 に，$g = 1$，$m_\mathrm{D} = 0$ とした場合のディラック粒子のスペクトル関数をいくつかの T/m_B に対して示した．この図を見ると，$T/m_\mathrm{B} \simeq 1$ のとき $\rho_+(p,\omega)$ の低運動領域には 3 つのピーク，すなわち集団運動モードが出現することがわかる．このうち，原点付近の集団運動モードは低温 $T/m_\mathrm{B} \ll 1$ で自由ディラック粒子 $\omega = |\boldsymbol{p}|$ に連続的につながるものである．一方，T/m_B を大きくしていくとこの集団運動モードとは別に有限エネルギーにピークが出現・発達し，これらが高温極限での熱質量をもったモードへと連続的につながる．これら 2 つの極限の過渡的状況として，中間温度 $m_\mathrm{B} \sim T$ において両者が混在する **3 ピーク構造**が出現するのである．なお，ここでは湯川模型を使った摂動の最低次の 1 ループ計算の結果を示したが，同様な 3 ピーク構造はより複雑な計算をした場合にも現れることが知られている [117,123–125]．この 3 ピーク構造は，次節でみるカイラル相転移付近のクォークや，宇宙初期のような高温におけるニュートリノのスペクトルにおいても出現しうる．後者に関してはバリオン数生成に影響する可能性も議論されている [126]．

この章では比較的単純な模型に話を限って議論を行ったが，これらの結果からも有限温度系では多様な集団運動モードが現れることがわかる．このような集団運動モードの発現の具体的な物理系における検証は興味深い課題である．

8.5 カイラル相転移点近傍のクォークスペクトル関数

前節まで，ディラック粒子とボース粒子が相互作用する問題を考察してきた．次にカイラル相転移温度付近において σ，π 中間子モードとクォークが相互作用することでクォークが受ける変化を調べよう [127]．第 7 章で見たように，カイラル相転移温度付近では σ，π 中間子モードがソフト化し，熱的に励起しやすくなるため，系全体の性質に大きな影響を与えうる．ここでは，そのような例としてクォークの励起の性質への影響を調べる．

この問題を取り扱うために，ここでは第 7 章と同じく NJL 模型を採用して議論を行うことにしよう．簡単のためカイラル極限 $m = 0$ を考えることにするとカイラル相転移は二次相転移であり，臨界温度 $T = T_c$ で σ，π 中間子の質量はゼロになる．また，以下では臨界温度より高温 $T > T_c$ を考えることにする．この場合系はカイラル対称性をもっており，クォークスペクトル関数は式 (8.10) のように分解できる．

ソフトモードとの相互作用がクォークにもたらす影響を調べるために，ここではクォークの自己エネルギーとして図 8.5 のようなダイアグラムを考える．ただし，7.1.3 項で見たように図 8.5 のリングダイアグラム部分がソフトモードを表しており，この部分は式 (7.16) の $D^R_{\mathrm{S,PS}}(\boldsymbol{p}, \omega)$ に対応する．また，実線は自由クォークのグリーン関数である．

クォーク自己エネルギーとして図 8.5 を採用すると，この系のクォークの励起は自由クォーク系のものから変更を受ける．これにより，図 8.5 に描かれたクォーク線も本来ならばこの変更を受けたグリーン関数に置き換えられるべきである．そのような解析は**自己無撞着 T 行列近似** [128] と呼ばれ，冷却原子系

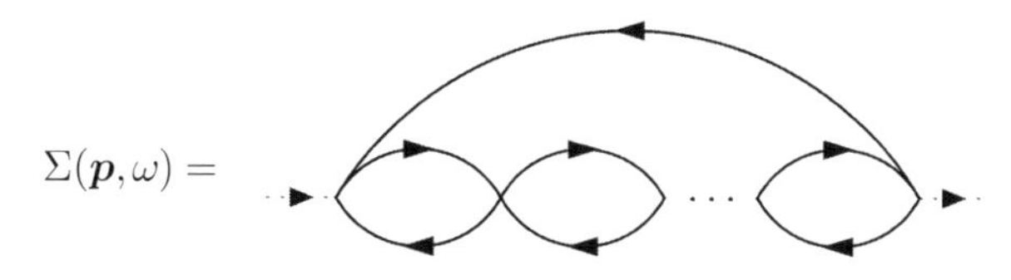

図 8.5　ソフトモードとの相互作用を表すクォークの自己エネルギー．

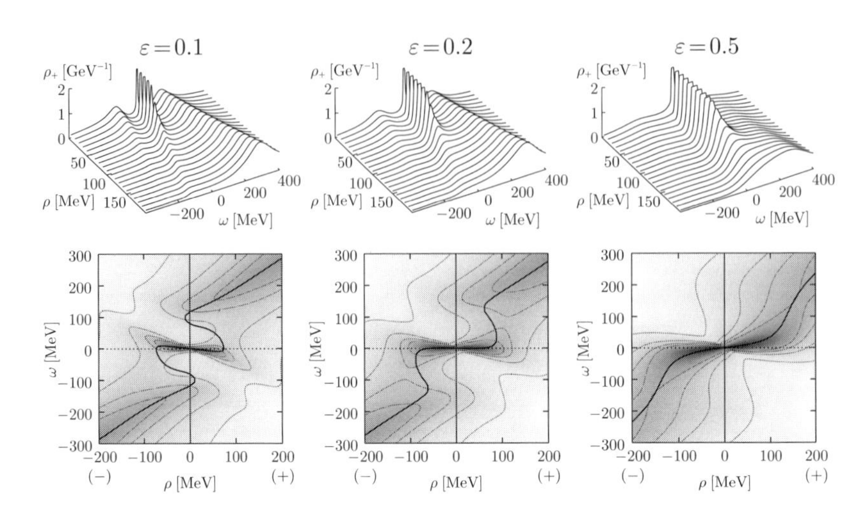

図 8.6　上段は $\varepsilon = (T - T_c)/T_c = 0.1, 0.2$ および 0.5 でのクォークのスペクトル関数 [127]．下段の図は式 (8.18) の解 $\omega = \omega_\pm(p)$ を $\rho_\pm(p,\omega)$ の等高線とともに示している．各パネルの右側と左側が正および負のクォーク数の状態を示している（口絵 6 参照）．

などではそのような解析が行われることもある．しかしここでは簡単のため，図 8.5 のクォーク線はすべて自由クォークのグリーン関数だとして，このダイアグラムを計算することにする．二次相転移におけるソフトモードの形成は一般的な性質であり，仮に自己無撞着に問題を解いたとしても二次相転移がある限りはソフト化した集団モードが現れることは一般的である．こうして現れるソフトモードの効果を定性的に評価するうえでは，このような近似でも十分特徴を捉えられることが期待できる．

図 8.6 の上段に，この近似のもとで計算されたクォークスペクトル関数 $\rho_+(p,\omega)$ をいくつかの温度 $\varepsilon = (T-T_c)/T_c = 0.1,\ 0.2,\ 0.5$ に対して示した [127]．$\rho_-(p,\omega)$ は式 (8.13) から決まる．これらの結果を見ると，図 8.4 と類似の 3 ピーク構造の出現が見て取れる．ただし温度依存性が前節の湯川模型の結果である図 8.4 とは反対で，T_c に向けて温度を下げていくと熱質量をもった 2 つのピークが成長する一方，温度を上げるほどクォークのスペクトルは自由粒子の構造 (8.12) へと近づいていく．

この結果は，8.4 節の結果との比較で以下のように理解できる [127]．いま，ソフトモードとして比較的軽く $m_{\sigma,\pi} \simeq T$ の中間子モードが存在しており，それがクォークと結合している．したがって物理系としては湯川模型と似ているのだが，T_c に向けて温度を下げていくとソフトモードの質量 $m_{\sigma,\pi}$ が小さくなるので，$T/m_{\sigma,\pi}$ は大きくなる．つまり，$T \to T_c$ では前節の湯川模型でいうと高温の状況が実現する．一方，高温で自由クォークの分散に近づくのは，集団運動モードとしてのソフトモードが消えることで効果が弱まるためだと理解できる．

図 8.6 の下段は，スペクトル関数 $\rho_{\pm}(p,\omega)$ を ω-p 平面上で等高線表示したものである．色の濃い部分ほど $\rho_{\pm}(p,\omega)$ が大きい．横軸はクォークの運動量 p だが，右側と左側に $\rho_{\pm}(p,\omega)$ を示してある．実線は，グリーン関数の分母の実部がゼロになる条件

$$\omega \mp p - \mathrm{Re}\Sigma_{\pm}^{R}(p,\omega) = 0 \tag{8.18}$$

の解である．式 (8.18) の解は，$\mathrm{Im}\Sigma_{\pm}^{R}(p,\omega)$ が小さい場合には $\rho_{\pm}(p,\omega)$ のピーク位置の目安として使える．これらの図からも，スペクトルに 3 つのピークが現れ，成長する様子が見て取れる．

このように，臨界点付近のクォークはカイラルソフトモードの衣を着ることによって，3 つの集団運動モードに分解することがわかった．このような現象はカイラル相転移の臨界現象の 1 つとみなすことができる．

第9章 カラー超伝導の前駆現象

第7，8章では，カイラル相転移に付随したソフトモードや，高温物質中のクォーク励起について調べてきた．本章では，低温高密度領域で実現するカラー超伝導を取り上げ，カラー超伝導の相転移に付随したソフトモードやそのクォーク励起への影響について調べることにする．

5.5節で見たように，カラー超伝導の秩序変数はクォーク対凝縮 $\Delta = -2g_D\langle\bar{q}i\gamma_5\tau_2\lambda_2 q^c\rangle$ である．カイラル相転移における σ，π 中間子と同様に，カラー超伝導の臨界温度周辺ではこの演算子のゆらぎがソフトモードとして発達し，様々な物理量に影響を与えることが期待できる．

本章では，まずカラー超伝導相転移のソフトモードであるクォーク対凝縮のゆらぎが幅広い温度で顕著に発達することや，拡散型の散逸モードであることを示す [93]．そのうえで，ソフトモードのいくつかの物理量への影響を調べる．まず，このソフトモードの影響により臨界温度付近の常伝導相においてクォークの状態密度に「**擬ギャップ**」と呼ばれる構造が生まれることを示す [129]．次に，同じく臨界温度付近でソフトモードの発達が重イオン衝突実験での観測量である**レプトン対生成量**の異常な増大をもたらすことを示し，それがこの実験で観測される可能性について議論する．

9.1 超伝導の前駆現象

電子系の超伝導では，臨界温度 T_c 周辺でソフトモードが引き起こす諸現象が古くから調べられてきた [51,130,131]．たとえば，金属超伝導では高温から T_c に向けて温度を下げていくと，$T > T_c$ の通常相においても電気伝導度が増大することが知られている．$T < T_c$ では超伝導相なので伝導度が発散するのだが，$T > T_c$ でも前駆的な現象が見られるのである．この**異常電気伝導** (paraconductivity) と呼ばれる現象は，秩序変数場がゆらぎによって局所的に有限の値をもつことによって作り出される．このように，$T > T_c$ で相転移の前兆として起こる現象は総称して超伝導の**前駆現象** (precursor) と呼ばれる．また，第4章で見たように超伝導物質中ではフェルミ面付近の分散関係にエネルギーギャップが開くため状態密度が消えるが，強相関系の超伝導体などでは $T > T_c$ においてフェルミ面付近の状態密度にくぼみが現れる，**擬ギャップ**と呼ばれる現象が現れる [51, 132]．擬ギャップの起源については物質に応じて様々なものが議論されているが [1)]，そのうちの有力なアイデアの1つが秩序変数のゆらぎによってもたらされるというものである [133, 134]．

電子系の超伝導では，超伝導を引き起こす相互作用が大きいほど前駆現象がより幅広い温度領域で顕著に観測されることが知られている [51]．この観点からカラー超伝導を考察するとどうなるだろうか．相互作用を表す指標として，ここでは $T = 0$ でのギャップ Δ とフェルミエネルギーの比 Δ/ϵ_F を考えてみよう．Δ は相互作用が強いほど大きくなるので，この量は異なる超伝導物質の相互作用の大きさを比較する指標となる．典型的な金属超伝導では，この量は $\Delta/\epsilon_F = 10^{-3} \sim 10^{-4}$ と比較的小さく [130, 131]，これにより金属超伝導では前駆現象が観測されるのは T_c のごく近傍に限られる．一方，5.5節で調べたNJL模型の結果（図5.9）からこの量を評価すると $\mu_q \simeq 400$ MeV において $\Delta/\epsilon_F \simeq 10^{-1}$ であり，カラー超伝導は金属超伝導と比べて非常に強く結合した超伝導であることがわかる．したがって，T_c より高温のかなり広い温度領域でカラー超伝導の前駆的現象が発現することが期待できる．

上の Δ/ϵ_F の議論はNJL模型の結果でありパラメータに依存する．しかし，漸近的自由性により $\mu_q \simeq \Lambda_{\rm QCD}$ ではQCDの結合定数が大きいので，$\mu_q \simeq \Lambda_{\rm QCD}$ で実現するカラー超伝導が強結合の超伝導となることは自然である．それは，高エネルギー重イオン衝突実験で観測された臨界温度付近のQGPが強く結合したクォーク・グルーオン系であるという結果とも整合する．

---

1) たとえば，Wikipedia の記事参照: `https://en.wikipedia.org/wiki/Pseudogap`.

なお，超伝導系の引力相互作用を強くしていくと，やがてはクーパー対が束縛したボース粒子とみなせる状態となり，この場合の $T=0$ の基底状態はボース粒子が凝縮した**ボース—アインシュタイン凝縮** (BEC) 状態と解釈できる．興味深いことに，弱結合の超伝導状態と強結合での BEC 状態は一見異なる物理系に見えるが，相互作用を変化させたときに両者の転移は連続的に起こることが知られており，両者の間の転移は **BCS-BEC クロスオーバー**と呼ばれる [135]．また，フェルミ粒子の対がボース粒子へと束縛するしきい値付近で散乱長が発散するが，この点は**ユニタリ極限**と呼ばれる．冷却原子系のユニタリ極限付近では超伝導ゆらぎによって擬ギャップが作られることなどが示されている [136,137]．高密度クォーク物質では，漸近的自由性により μ_q を小さくすると QCD の結合定数が増大していくため，高密度での BCS から低密度での BEC 的な状態へとクロスオーバーが起こっていると考えられる [138,139]．ただし，十分低密度ではクォークがハドロン内部に閉じ込められ，クォーク物質という描像自体が成立しなくなるので，その前段階でどの程度強結合になるのかはわかっていない．

カラー超伝導状態の内部ではクォークの対がクーパー対を作ることで超伝導状態が実現する．このようなクォークが対をなした状態はハドロン構造論などでは**ダイクォーク**と呼ばれ，その重要性が議論されてきた [140]．本章で議論するクォーク対場の集団運動モードはハドロン中でのダイクォーク励起の性質と連続的につながるものであり，その観点からも興味深い研究対象である．

9.2　カラー超伝導のソフトモード

カラー超伝導の前駆現象を調べるために，まずカラー超伝導の相転移に付随したソフトモードの性質を調べよう．具体的な計算を行うために，5.5 節で使った 2 フレーバーの NJL 模型 (5.77) を採用して議論を行うことにする [93,129,141]．5.5 節と同じパラメータを採用してカイラル極限 $m=0$ を考えることにし，クォーク化学ポテンシャル μ_q は u，d クォーク共通のものをとることにしよう．このとき，平均場近似で得られる相図は図 5.9 となり，カイラル対称性が回復する $\mu_q > \mu_{q,c} \simeq 330$ MeV の領域では低温でカラー超伝導の一種である 2SC 状態が実現する[2)].

5.5 節で見たように，図 5.9 の解析では 2 つの秩序変数

$$M = -2g\langle \bar{q}q \rangle, \quad \Delta = -2g_D\langle \bar{q}i\gamma_5\tau_2\lambda_2 q^c \rangle \tag{9.1}$$

を自己無撞着平均場近似で決定した．物理的に実現する秩序変数の値は熱力学ポテンシャル (5.77) を最小化するものであり，この状態ではこれらの秩序変数は連立ギャップ方程式 (5.78) を満たす．式 (5.78) を具体的に書くと，

$$M = 8gM\int \frac{d^3p}{(2\pi)^3}\frac{1}{E_p}\left\{1 - n(\xi_-) - n(\xi_+) + \frac{\xi_-}{\epsilon_-}\tanh\frac{\beta\epsilon_-}{2} + \frac{\xi_+}{\epsilon_+}\tanh\frac{\beta\epsilon_+}{2}\right\}, \tag{9.2}$$

$$\Delta = 8g_D\Delta\int \frac{d^3p}{(2\pi)^3}\left\{\frac{1}{\epsilon_-}\tanh\frac{\beta\epsilon_-}{2} + \frac{1}{\epsilon_+}\tanh\frac{\beta\epsilon_+}{2}\right\} \tag{9.3}$$

となる．

カイラル対称性が回復した $\mu_q > \mu_{q,c}$ の領域では，$M = 0$ を常に採用してよい．この場合に 2SC の相転移温度を決める条件を整理しておこう．$T < T_c$ では $\Delta \neq 0$ の非自明な解が実現し，この解が $T = T_c$ で $\Delta = 0$ に至る．よって，$T = T_c$ では式 (9.3) の両辺を Δ で割ったうえで $\Delta = 0$ を代入して得られる

$$1 = 8g_D\int \frac{d^3p}{(2\pi)^3}\left\{\frac{1}{\epsilon_-}\tanh\frac{\beta\epsilon_-}{2} + \frac{1}{\epsilon_+}\tanh\frac{\beta\epsilon_+}{2}\right\}_{\Delta=0} \tag{9.4}$$

が成立する．したがって，式 (9.4) を温度 T について解けば T_c が得られる．

次に，2SC の臨界温度周辺の $T > T_c$ における集団運動モードの性質を調べよう．前と同じように線形応答で系の性質を調べることにし，次のように系に外場を掛け秩序変数場の擾乱を引き起こす：

$$H_{\mathrm{ex}}(t) = -\,\mathcal{O}_\Delta(\boldsymbol{k}, t)f(t), \tag{9.5}$$

$$\mathcal{O}_\Delta(\boldsymbol{k}, t) = \int d^3\boldsymbol{x}e^{-i\boldsymbol{k}\cdot\boldsymbol{x}}\bar{q}(\boldsymbol{x}, t)i\gamma_5\tau_2\lambda_2 q^c(\boldsymbol{x}, t). \tag{9.6}$$

[2)] 5.5 節でも指摘したように，平均場近似では 2SC 状態から通常相への相転移は二次相転移だが，ゲージ場（グルーオン場）のゆらぎを取り入れると相転移が一次相転移になりうるので [88–92]，精確な定量的解析のためにはグルーオン場の自由度も取り入れる必要がある．

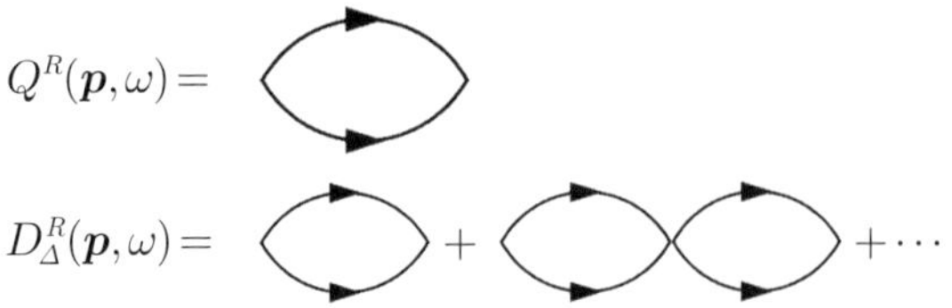

$Q^R(\boldsymbol{p},\omega) =$

$D_\Delta^R(\boldsymbol{p},\omega) =$ $+$ $+\cdots$

図 9.1 リング近似 (T 近似) でのダイクォーク伝播関数を表すファインマン図.

実際, $\Delta = \langle \mathcal{O}_\Delta(\mathbf{0},t)\rangle$ であるから, 式 (9.5) は第7章のカイラル凝縮に対する式 (7.3) と同様に秩序変数場の擾乱である. 外場 (9.6) によって系に誘起される場 $\delta\langle \hat{O}_\Delta^\dagger(\boldsymbol{k})\rangle$ は

$$\delta\langle \hat{O}_\Delta^\dagger(\boldsymbol{k})\rangle = \int \frac{dt}{2\pi} e^{i\omega t}\delta\langle \hat{O}_\Delta^\dagger(\boldsymbol{k})\rangle = D_\Delta^R(\boldsymbol{k},\omega) f(t\omega) \tag{9.7}$$

と書ける. ここで第7章と同様に RPA を採用して応答関数 $D_\Delta^R(\boldsymbol{k},\omega)$ を計算すると,

$$D_\Delta^R(\boldsymbol{k},\omega) = \frac{1}{2}\frac{Q^R(\boldsymbol{k},\omega)}{1+g_D Q^R(\boldsymbol{k},\omega)} \tag{9.8}$$

となる. ただしここで現れた関数 $Q^R(\boldsymbol{k},\omega)$ は 7.1 節で導入した $\Pi_{\mathrm{S,PS}}^R(\boldsymbol{k},\omega)$ と同様の自由場における式 (9.6) の応答関数で, $Q^R(\boldsymbol{k},\omega)$ および $D_\Delta^R(\boldsymbol{k},\omega)$ はファインマンダイアグラムで表現すると図 9.1 のようになる.

$Q^R(\boldsymbol{k},\omega)$ の具体的な計算は煩雑になるので省略するが, $\boldsymbol{k}=0$ の場合には

$$\begin{aligned} Q^R(\mathbf{0},\omega) &= 2N_f(N_c-1)\int \frac{d^3\boldsymbol{p}}{(2\pi)^3} \\ &\quad \times \left\{ \frac{1}{\omega+i\epsilon-p+\mu_q}\tanh\frac{p-\mu_q}{2T} + \frac{1}{\omega+i\epsilon-p-\mu_q}\tanh\frac{p+\mu_q}{2T} \right\} \end{aligned} \tag{9.9}$$

という比較的簡潔な形を得ることができる [141].

ここで式 (9.8) の分母 $1+g_D Q^R(\mathbf{k},\omega)$ に $\omega = k = 0$ を代入し, 式 (9.9) を使うと

$$
\begin{aligned}
&1 + g_D Q^R(\mathbf{0}, 0) \\
&= 1 - 8g_D \int \frac{d^3\boldsymbol{p}}{(2\pi)^3} \left\{ \frac{1}{p-\mu_q} \tanh\frac{p-\mu_q}{2T} + \frac{1}{p+\mu_q} \tanh\frac{p+\mu_q}{2T} \right\}
\end{aligned}
\tag{9.10}
$$

となる．この結果を式 (9.4) と比較すると，$T = T_c$ で

$$
D^R_\Delta(\mathbf{0}, 0)^{-1}\Big|_{T=T_c} = 0 \tag{9.11}
$$

が成立することがわかる [141]．7.2.3 項で調べた中間子の応答関数と同様に，式 (9.11) はサウレス基準 [110] と呼ばれ，臨界温度 T_c の決定に使える．また，式 (9.11) によって $D^R_\Delta(\mathbf{0}, \omega)$ は $T = T_c$ で $\omega = 0$ に極をもつこと，すなわち T_c 直上ではクォーク対場が質量ゼロの集団運動モードを形成することが保証される．$T = T_c$ 付近では，これと連続的につながる極が $D^R_\Delta(\mathbf{0}, \omega)$ に存在する．つまり，クォーク対場 $\Delta(\boldsymbol{x}, t)$ のゆらぎにはソフトモードが現れることが確かめられた．

クォーク対場のスペクトル関数 $\rho(\boldsymbol{k}, \omega)$ は応答関数 $D^R_\Delta(\boldsymbol{k}, \omega)$ の虚部で与えられる：

$$
\rho(\boldsymbol{k}, \omega) = \frac{1}{\pi} \mathrm{Im} D^R_\Delta(\boldsymbol{k}, \omega). \tag{9.12}
$$

図 9.2 に，$\rho(\boldsymbol{k}, \omega)$ の温度依存性を $\boldsymbol{k} = 0$, $\mu_q = 350$，400，500 MeV の場合について示した．臨界温度に向けて温度を下げていくにつれ，スペクトル関数にはソフトモードに対応するピーク構造が成長していくことがわかる．

9.2.1 集団運動モードの極

クォーク対場 Δ のゆらぎの集団運動モードの分散関係は応答関数の極で与えられ，

$$
D^R_\Delta(\boldsymbol{k}, \omega)^{-1} = 0
$$

を満たす．ただし，この方程式の解は実数の ω に解をもつとは限らない．特に $\mathrm{Im} D^R_\Delta(\boldsymbol{k}, \omega) \neq 0$ となる連続状態においては実軸上では解が存在することはない．このような場合，応答関数のエネルギー ω を複素数 z に解析接続した

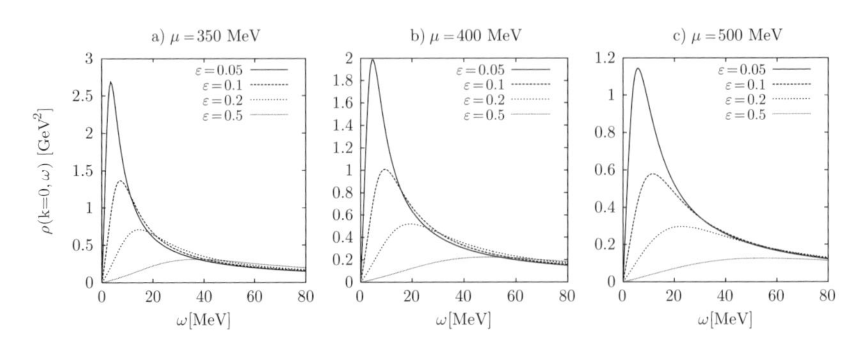

図 9.2　クォーク対場 Δ のスペクトル関数 $\rho(k=0,\omega)$ の $\varepsilon=(T-T_c)/T_c$ 依存性 [141]. すべての化学ポテンシャルで，温度を臨界温度 T_c に向けて下げていくとピークの高さが増大する．臨界温度より 20%高温（$\varepsilon=0.2$）でも有意にピークが存在する．

$$D^R_\Delta(\boldsymbol{k},z)=D^R_\Delta(\boldsymbol{k},\omega)|_{\omega\to z} \tag{9.13}$$

の複素平面上に極が存在することがある [141]．ここで $D^R_\Delta(\boldsymbol{k},z)$ は，式 (9.8) の $Q^R(\boldsymbol{k},\omega)$ を複素平面への解析接続 $Q^R(\boldsymbol{k},z)=Q^R(\boldsymbol{k},\omega)|_{\omega\to z}$ で置き換えたものになるので，応答関数の極では

$$1+g_D Q^R(\boldsymbol{k},z)=0 \tag{9.14}$$

が成立する．

ここで登場した $D^R_\Delta(\boldsymbol{k},z)$ は，$D^R_\Delta(\boldsymbol{k},\omega)$ の引数 ω を素朴に複素数 z に置き換えて得られる関数 $\tilde{D}_\Delta(\boldsymbol{k},z)$ とは限らない．実際，$\tilde{D}_\Delta(\boldsymbol{k},\omega)$ は実軸上に切断をもち，実軸を横切るときにリーマン面が変化する．このことを見るには，$Q^R(\boldsymbol{k},\omega)$ の具体形 (9.9) で素朴に $\omega+i\epsilon\to z$ と置き換えた関数 $\tilde{Q}^R(\boldsymbol{k},z)$ を調べてみるとよい．複素上半平面と下半平面から実軸に近づく極限を考えると，式 (6.13) から $\epsilon\to 0+$ の極限で

$$\mathrm{Re}\tilde{Q}^R(\boldsymbol{k},\omega+i\epsilon)=\mathrm{Re}\tilde{Q}^R(\boldsymbol{k},\omega-i\epsilon) \tag{9.15}$$

$$\mathrm{Im}\tilde{Q}^R(\boldsymbol{k},\omega+i\epsilon)=-\mathrm{Im}\tilde{Q}^R(\boldsymbol{k},\omega-i\epsilon) \tag{9.16}$$

が成立するので，$\tilde{Q}^R(\boldsymbol{k},z)$ は実軸上で $2i\mathrm{Im}\tilde{Q}^R(\boldsymbol{k},\omega-i\epsilon)$ だけ不連続性をもつ関数であることがわかる．

式 (9.9) のエネルギー引数が $\omega + i\epsilon$ であることからわかるとおり，遅延関数 $Q^R(\boldsymbol{k},\omega)$ はこの切断の直上で定義されている．このため，$Q^R(\boldsymbol{k},\omega)$ を複素エネルギーの上半平面 $z \in \mathbb{C}^+$ へ解析接続する際には切断について気にする必要はなく，

$$Q^R(\boldsymbol{k},z) = \tilde{Q}^R(\boldsymbol{k},z) \qquad (z \in \mathbb{C}^+) \tag{9.17}$$

が成立する．一方，$Q^R(\boldsymbol{k},\omega)$ を下半平面 $\mathbb{C}^-$ に解析接続する場合，実軸での切断を通過するため $\tilde{Q}^R(\boldsymbol{k},z)$ とは異なるリーマン面に移行することになる．この際，実軸上で $\tilde{Q}^R(\boldsymbol{k},z)$ がもつ不連続性が (9.16) であることに注意すると，$Q^R(\boldsymbol{k},\omega)$ を下半平面に解析接続した関数は

$$Q^R(\boldsymbol{k},z) = \tilde{Q}^R(\boldsymbol{k},z) + 2i\mathrm{Im}\tilde{Q}^R(\boldsymbol{k},z) \qquad (z \in \mathbb{C}^-) \tag{9.18}$$

であることがわかる [141]．ただし，$\mathrm{Im}\tilde{Q}^R(\boldsymbol{k},z)$ は $\mathrm{Im}\tilde{Q}^R(\boldsymbol{k},\omega)$ の複素エネルギー平面への解析接続であり，この関数が $z \in \mathbb{C}$ で解析的であることを使った．

遅延グリーン関数 $D^R(\boldsymbol{k},\omega)$ の解析接続 $D^R(\boldsymbol{k},z)$ は，上半平面 $z \in \mathbb{C}^+$ に極をもたない[3)]．このため，$D^R(\boldsymbol{k},\omega)$ の極はもし存在するならば，それは下半平面に限られ，式 (9.18) を使って，式 (9.14) を解くことで極が得られる．実際，数値計算によって $T > T_c$ では $D^R_\Delta(\boldsymbol{k},z)$ のソフトモードに対応する極が下半平面に存在することが確かめられる．図 9.3 に，$D^R_\Delta(\boldsymbol{k},z)$ の極の温度依存性を示す [93]．ただし，$\boldsymbol{k} = 0$ とし，$\mu_q = 350$，400，500 MeV の 3 つの場合について $T > T_c$ での極の移動を実線で示してある．ソフトモードの性質から，$D^R_\Delta(\boldsymbol{k},z)$ の極は

3) このことは，遅延グリーン関数が $t < 0$ では $D^R(\boldsymbol{k},t) = 0$ を満たすことから以下のように示すことができる．まず，

$$\int_{-\infty}^{\infty} d\omega e^{-i\omega t} D^R(\boldsymbol{k},\omega) = \oint_C dz e^{-izt} D^R(\boldsymbol{k},z) = 0 \qquad (t < 0) \tag{9.19}$$

が言える．ただし，経路 C は実軸と，上半平面で $|z| \to \infty$ の大きな半円を足した閉じた経路である．$\mathrm{Im}z \to \infty$ で $e^{-izt}D^R(\boldsymbol{k},z) \to 0$ であることから，この半円上での積分は半円の半径 r を $r \to \infty$ とする極限で消えることを使い，実軸上の積分を複素積分に置き換えた．ここで，式 (9.19) が任意の $t < 0$ に対して成立することから，経路 C の内部には極や切断が存在してはならないことがわかる．複数個の極が存在する場合も，任意の $t < 0$ で式 (9.19) を満たすことはできないためである．つまり，$D^R(\boldsymbol{k},z)$ は上半平面で解析的であることが結論される．

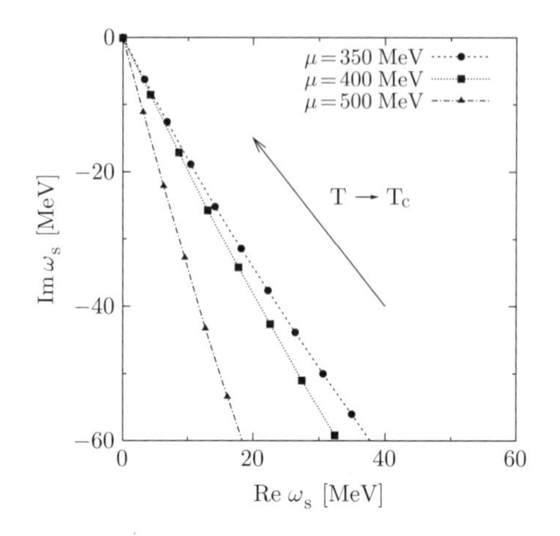

図 9.3　$T > T_c$ においてクォーク対場の作る集団モードの複素エネルギー極 ω_s の複素平面上の位置 [93]．ただし，運動量 $\boldsymbol{k} = 0$ の場合．各曲線は異なる化学ポテンシャル μ_q に対応し，各曲線上の点は温度 $\varepsilon \equiv (T - T_c)/T_c = 0$, 0.1, 0.2 $\cdots$ における値を示している．ε が 0 に近づくに従い，極が原点に近づく．

$T = T_c$ では原点 $z = 0$ に存在するが，温度の上昇とともに複素平面を右下へと移動していく．各曲線に付けられた点は温度が $\varepsilon \equiv (T - T_c)/T_c = 0, 0.1, 0.2, \cdots$ での値を示している．図 9.3 からわかるように，極は実部と虚部の双方をもつ．また，実部よりも虚部が大きいので，このソフトモードは過減衰モードであるといえる．

9.3　カラー超伝導における擬ギャップ

ここまでで見たように，クォーク対場 Δ のゆらぎは臨界温度付近においてソフト化する．そこで次に，対場のゆらぎがクォークのスペクトル関数に与える影響を調べよう．特に，クォークの状態密度を計算し，対場のゆらぎの効果によりクォークのスペクトル関数が大きく変化し，擬ギャップが生じることを見る [129]．

クォークの遅延グリーン関数を 8.1 節で見たように式 (8.9) のように分解したとき，クォーク数ゆらぎに対応するスペクトル関数は $\rho_0(\boldsymbol{p}, \omega)$ である．クォー

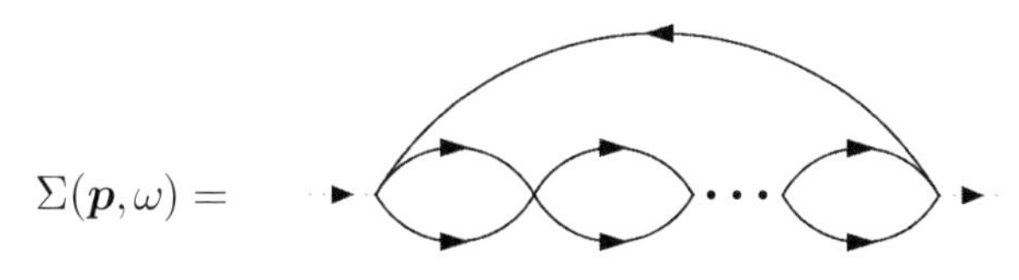

図 **9.4** クォーク自己エネルギー.

ク数の状態密度 $N(\omega)$ は，この量の運動量についての積分

$$N(\omega) = 4\int \frac{d^3\boldsymbol{k}}{(2\pi)^3} \mathrm{Tr}_{\mathrm{c,f}}\left[\rho_0(\boldsymbol{k},\omega)\right] \tag{9.20}$$

で与えられる．ただし $\mathrm{Tr}_{\mathrm{c,f}}$ はカラー，フレーバー空間でのトレースである．自由クォークに対しては，$\rho_0(\boldsymbol{p},\omega) = \delta(\omega+\mu-p) + \delta(\omega+\mu+p)$ を代入することで

$$N_{\mathrm{free}}(\omega) = \frac{2N_f N_c}{\pi^2}(\omega+\mu_q)^2 \tag{9.21}$$

となる．以下，臨界ゆらぎを取り込んだクォーク数状態密度を計算しよう．

クォーク対場のゆらぎの効果を取り込むためには，前章でカイラルソフトモードに対して行ったのと同様に，クォーク自己エネルギー $\Sigma(\boldsymbol{k},\omega)$ として図 9.4 のようなダイアグラムを計算すればよい．

図 9.5 に，このようにして計算された $\mu_q = 400$ MeV の場合のクォークの状態密度をいくつかの温度 $\varepsilon = (T-T_c)/T_c$ に対して示した．図 9.5 には，自由クォークの状態密度 (9.21) も示してある．この結果から，臨界温度付近ではフェルミエネルギー付近に明らかな状態密度の欠損，すなわち擬ギャップ構造が現れることがわかる．図 9.6 に，同じ結果を $N(\omega)/N_{\mathrm{free}}(\omega)$ でプロットしたが，この図からも顕著な擬ギャップ構造が $\varepsilon \approx 0.05$ の温度まで存在していることがわかる [4]．同様の計算は冷却原子系でも行われている [136, 137] が，ここでのカラー超伝導での計算は相対論的分散関係をもつフェルミオン（クォーク）に対して行われていることに注意すべきである．

[4] 擬ギャップの発現は，共鳴散乱に由来するものと理解できる [129]．今回，図 9.4 のような自己エネルギーの計算を行っているが，この際クォークとホールの混合が起こる．フェルミ面から測ったクォークのエネルギーは $\omega = |\boldsymbol{p}| - \mu_q$，ホールのエネルギーは $\omega = -|\boldsymbol{p}| + \mu_q$ であり，両者はフェルミエネルギーで交差するが，ここで準位反発が起こったと思えばよい．

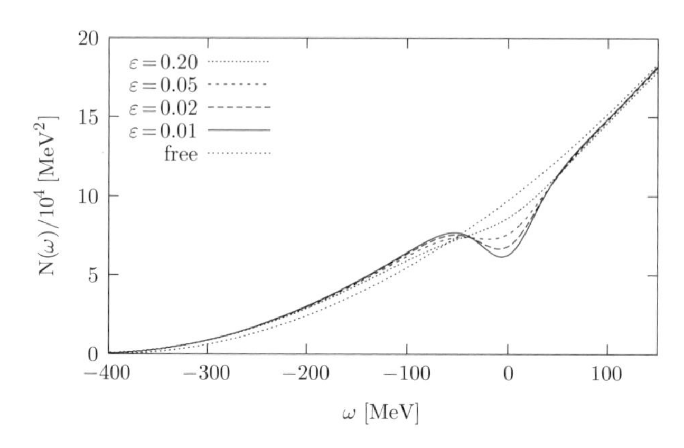

図 9.5　$\mu_q = 400$ MeV でのクォーク状態密度 $N(\omega)$ の温度依存性 [129]．細い点線は自由クォークの状態密度 $N_{\mathrm{free}}(\omega)$ を示している．$\varepsilon \lesssim 0.05$ の温度領域における明確な擬ギャップの存在が見て取れる．

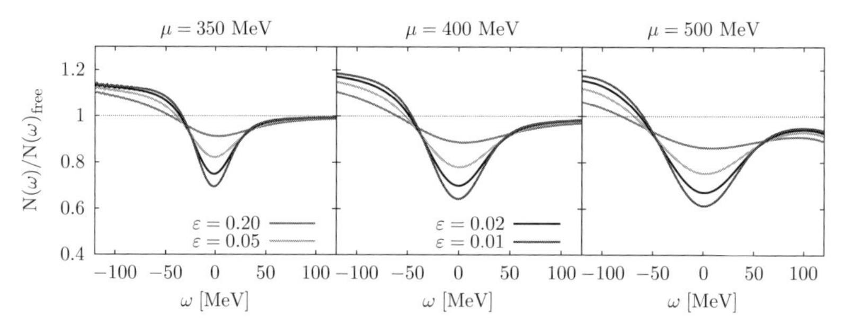

図 9.6　クォーク状態密度 $N(\omega)$ の μ_q 依存性 [129]．ただし自由クォーク状態密度 $N_{\mathrm{free}}(\omega)$ との比を示してある（口絵7参照）．

9.4　重イオン衝突実験におけるカラー超伝導の観測に向けて

ここまで，カラー超伝導の臨界温度周辺ではクォーク対場が作るソフトモードが成長し，擬ギャップの発現などの興味深い現象を引き起こすことを見てきた．本節では最後に，このようなソフトモードの影響を高エネルギー重イオン衝突実験で観測する可能性を考察してみよう．

カラー超伝導状態の実験的な観測は，高エネルギー重イオン衝突実験の究極の目標といっても過言ではない挑戦的な課題である．その最大の理由として，重イオン衝突実験ではカラー超伝導が実現するような低温・高密度の状態を作り出すこと自体が容易ではないことが挙げられる．2.3 節で議論したように，重イオン衝突実験では生成される物質の密度を衝突エネルギーを変えることで制御でき，中性子星の中心部にも匹敵するような超高密度状態が生成されると考えられている．しかし，このような高密度状態が作られる比較的低エネルギーの衝突でも，生成物質の温度が $T \simeq 100$ MeV 程度の高温になってしまうことがハドロン散乱模型などの解析で知られている [142]．したがって，たとえば図 5.9 の相図のようにカラー超伝導の臨界温度がこれより低ければそもそもカラー超伝導状態を作り出すこと自体ができないため，カラー超伝導状態の直接的な観測は絶望的である．

しかし，そのような場合でも臨界温度よりも高い温度における前駆現象であれば観測できる可能性がある．例として，文献 [141] では比熱に現れる異常の解析が行われ，ソフトモードの効果によって $T \gtrsim T_c$ で比熱の異常な増大が起こることが示された．このような熱力学量の変化は，高温物質の時空発展に影響を与える可能性がある．

クォーク対場のソフトモードの効果をより直接的に観測するためのシグナルとして，以下では**光子**に注目してみよう．光子は質量をもたない粒子なので，分散関係 $E(p) = p$ を満たす．しかし，媒質中を伝搬する光子は多体効果によってこの分散関係を満たさないことが起こりうる．たとえば，8.2 節でも言及したように誘電体中や電磁プラズマ中では光子の分散関係は自由空間中の $E(p) = p$ から大きく変更を受けることがよく知られている．このように，自由空間中の分散関係 $E(p) = p$ を満たさない状態の光子を「仮想光子」と呼ぶ[5]．QGP 中で媒質効果によって変質を受けた仮想光子の中で，$E(p) > p$ を満たすものは，**レプトン対**（電子・陽電子対や，μ 粒子・反 μ 粒子対）に崩壊する．そのため，これらのレプトン対を自由空間中の計測器で捉えることで仮想光子の性質を調

[5] 仮想状態という用語は，本来は量子力学的な中間状態を指すものである．量子場の理論では，始状態と終状態以外に現れる中間状態の粒子は一般に分散関係 $E(p) = p$ を満たさないためである．しかし，ここで論じる光子の分散関係の変化は古典的に起こるものも含まれることに注意したい．たとえば，電磁プラズマ中のプラズモンは古典電磁気学で記述できる．このような励起モードに対して「仮想光子」という言葉を使うことは必ずしも適切な用語法ではないが，以下では重イオン衝突実験分野の慣習に従ってこの用語を用いる．

べることができ，QGP 媒質の物性を調べることができるのである．

重イオン衝突実験における観測量としてのレプトン対の重要な利点は，仮想光子が生成された時空領域の物質の性質をほぼ直接的に観測できるという点にある．重イオン衝突実験で生成される高温物質は，およそ 10 fm/c という時間スケールで膨張し，飛散する．この時間は，強い相互作用の典型的な時間スケールである 1 fm/c より長いため，強い相互作用をする粒子がもつ情報は物質との相互作用によって刻一刻と変化する．一方，光子は強い相互作用をせず，電磁気的な相互作用しかしない．電磁気相互作用は強い相互作用と比べて典型的に 5 桁程度弱いため，高温物質中で仮想光子がいったん作られると，その光子，あるいは崩壊で作られたレプトン対はそれ以降物質とほとんど相互作用することなく，物質を貫通して外に飛び出してくる．このため，実験でレプトン対を数えると，生成された高温物質中での仮想光子の性質が直接的に調べられるのである．

そこで，カラー超伝導のソフトモードによって仮想光子が作られる過程を考えてみよう．図 9.2 で見たように，カラー超伝導の臨界温度周辺ではソフトモードが発達する．これにより系にソフトモードが多数励起され，これらのソフトモードの散乱によって仮想光子生成が増大することが期待される．そのような仮想光子は，ソフトモードの質量が軽いことに起因して低エネルギーで特に大きな効果をもつことも期待でき，このような増大がカラー超伝導の臨界現象のシグナルとして使える可能性がある．

仮想光子の生成率は光子の自己エネルギーで与えられる．より具体的には，自己エネルギーの虚部が生成率に比例する [115]．そこでここでは，光子の自己エネルギー $\Pi_{\mu\nu}(\omega, \boldsymbol{p})$ として，図 9.7 のようなダイアグラムを考えてみよう．ただし図の二重線はソフトモードの伝搬関数 $D^R_\Delta(\boldsymbol{k}, \omega)$ を表す．これらのダイアグラムは，**アズラマゾフ—ラーキン項**（左）[143]，**真木—トンプソン項** [144,145]（右）と呼ばれるもので，歴史的には金属超伝導において電気伝導度に現れる前駆現象を説明するために使われたものである [6]．電気伝導度を調べる際には，これらのダイアグラムのエネルギー・運動量がゼロの極限での振舞いを解析す

[6] 実際には，これら 2 つの項に加え，状態密度項と呼ばれるダイアグラムも考慮する必要がある [146]．

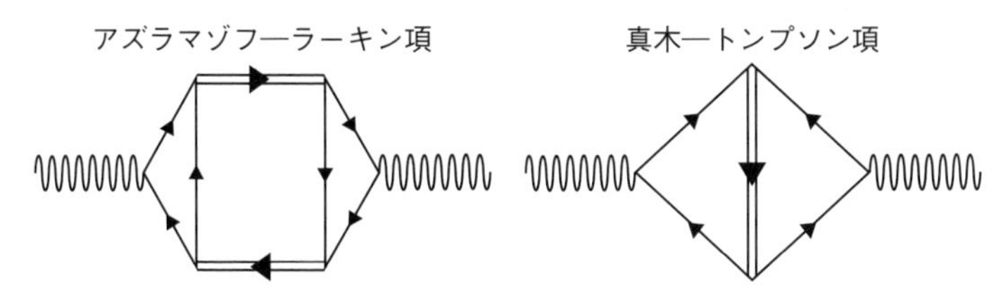

図 **9.7** カラー超伝導のソフトモードが結合した光子の自己エネルギー．ただし二重線がソフトモードを表す．

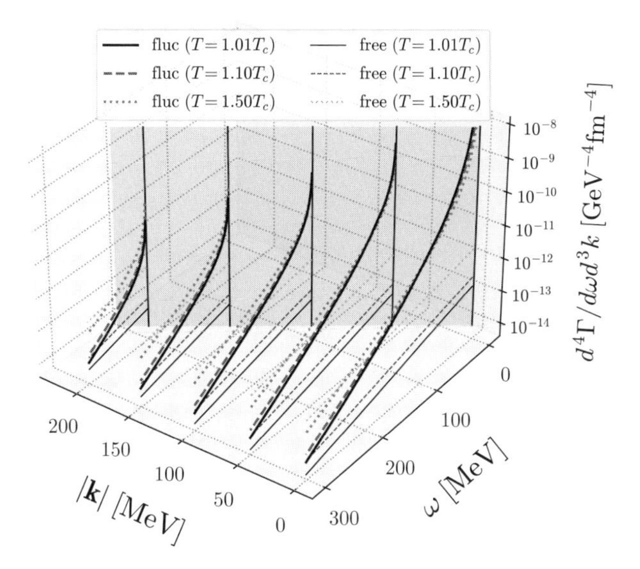

図 **9.8** カラー超伝導のソフトモードの効果を考慮したレプトン対生成率のエネルギー ω と運動量 $|\boldsymbol{k}|$ に対する依存性．太い線がソフトモードの散乱に由来する生成率で，細い線が自由クォーク気体からの生成率 [146]（口絵 8 参照）．

ればよいのに対し，仮想光子の生成量を調べるためには有限エネルギー・運動量領域へと解析を拡張する必要がある．

図 9.8 に，NJL 模型を使いこのような計算を行うことで得られた仮想光子の生成量を示した [146]．ただし，この図ではクォーク化学ポテンシャルを $\mu_q = 350$ MeV に固定した場合に，臨界温度より高温のいくつかの温度の物質から放出される単位体積，単位時間，単位エネルギー運動量あたりの仮想光子生成量をエネルギー ω と運動量 $|\boldsymbol{k}|$ の関数として示している．太い線が図 9.7

のダイアグラムから計算されたソフトモードの散乱に由来する生成率で，細い線が自由クォーク気体からの生成率を示しており，全生成率は両者の和で与えられる．この図を見ると，低エネルギー・低運動量領域でソフトモード由来のレプトン対生成率が顕著に増大することがわかる．この結果は，上のソフトモードの議論から自然な結果であり，レプトン対生成率の低エネルギー領域を詳しく調べることでソフトモードが成長することの実験的証拠が得られる可能性を示唆している．

次に，図 9.9 に単位不変質量 $M = \sqrt{E(p)^2 - p^2}$ あたりの生成量を示した．重イオン衝突実験で作られる高温物質は高速で膨張するため，物質の静止座標系でのエネルギー運動量を求めるのは困難である．一方，光子の不変質量はどの座標系でも同じ値をもつため，不変質量分布は実験的観測量である．図 9.9 に示した G_C は式 (5.75) の g_D，すなわちクォーク間相互作用の結合定数である．左図には $\mu_q = 350$ MeV と $G_C = 0.7g$ を固定して温度 T を変えたときの生成率，右図には $T = 90$ MeV と $\mu_q = 350$ MeV を固定して G_C を変えたときの生成率を示している．いずれの図でも，低不変質量領域でソフトモードからの寄与が増大することが見て取れるので，このような増大が実験で得られる不変質量分布で観測される可能性がある．

ただし，レプトン対生成率の低エネルギー領域ではここで見たソフトモード由来のレプトン対に加え，ダリッツ (Dalitz) 崩壊と呼ばれる π^0 中間子の崩壊

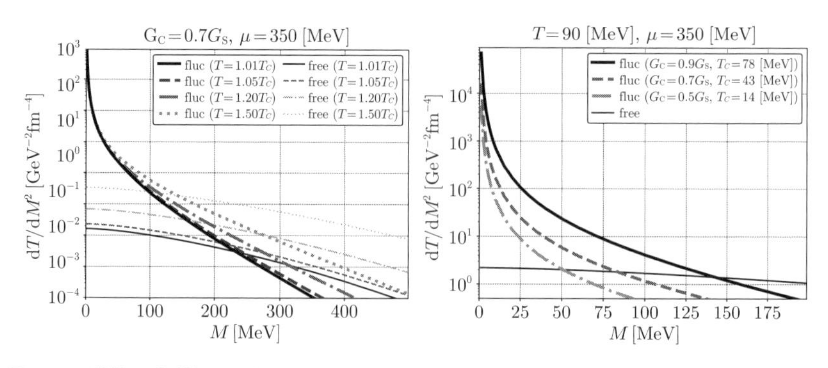

図 9.9　単位不変質量 M あたりのレプトン対生成率．太い線がソフトモードの散乱に由来する生成率で，細い線が自由クォーク気体からの生成率 [146]．

や，QGP 中での制動放射に由来する増大が起こることが知られており，これらの効果とソフトモードの効果を分別するためには高精度の実験測定結果に加え，各起源からの生成量を定量的に調べる注意深い研究が必要となることは注意しておきたい．

2.3 節で見たように，近年高密度物質の生成を目指した重イオン衝突実験が世界各地で活発に行われ，また将来実験計画が進められている．我が国でも，加速器実験施設 J-PARC で重イオン衝突実験を行うことでこのような実験を実現する J-PARC-HI 計画が検討されている．J-PARC-HI などの将来実験の特徴は，従来にないビーム強度を用いた様々な観測量の精密測定である．レプトン対生成量は高い統計量と解析技術が必要とされる観測量である．しかしながら将来実験計画では高統計を活用することでレプトン対生成量の精密測定が進むことが期待されるため，ここで見たカラー超伝導の前駆現象のシグナルもこれらの実験で観測されるかもしれない．そのような可能性の追究は今後の重要な研究課題である．

第10章 おわりに：書き残したこととさらに勉強するための参考文献

本書では，有限温度・有限密度環境下に置かれたQCD物質がもつ相転移現象，物性現象について，特にNJL模型を使った具体的な計算をしながら解説してきた．これらの計算で見たように，有限温度・有限密度のQCDはカイラル相転移やカラー超伝導状態の実現などの興味深く豊富な相転移現象をもつことが予想される．また，これらの系の動的な性質を通して，中間子の質量変化などのさらに多様で興味深い物理現象が明らかにされることを見た．

第3章で見たように，これらの諸現象のうち，$\mu_q = 0$ に関しては格子QCD数値計算による解析が進み，定量的な情報が得られるようになってきた．一方，高密度領域に関しては格子QCD数値計算が適用できないため，現状では模型計算による予言にとどまっている．

その一方で近年，高密度領域のQCD物質の研究は中性子星の物理や高エネルギー重イオン衝突実験の発展と関連してますます重要性を増している．2.3節でも説明したように，重イオン衝突実験では衝突エネルギーを下げることで高密度の物質を生成する実験が進んでいる．今後5年程の間にロシアJINRの加速器実験NICA-MDPやドイツGSIのFAIR-CBMが高密度物質の生成を目指した実験を始める予定であり，我が国のJ-PARCでも，同時期に同様な実験を実現する「J-PARC重イオン計画 (J-PARC-HI)」が進行中である．

これらの中でも，現在進行中の最重要課題の1つは，本書2.2節，2.3節で取り上げたQCD臨界点の実験的探索である．QCD臨界点は二次相転移点であり，スカラー（シグマ）場と結合したバリオン数密度のゆらぎの発散が本質的な役割を果たす．バリオン数は保存量であるから，保存量のダイナミクスを記述する流体力学的記述が有用となる [147–149]．QCD臨界点におけるこのようなゆらぎの発散を，重イオン衝突実験におけるQCD臨界点探索のシグナルとして使う議論が近年盛んに行われているが，それらの中でも現在中心的に研究されているのが保存電荷の**非ガウスゆらぎ**を使った QCD 臨界点探索である．本書では紙幅の都合もあり詳しく触れることができなかったが，興味のある読者は文献 [40] あるいは日本語解説記事 [41] などを参照していただきたい．

一方で，中性子星の観測も近年格段に発展している．中性子合体を起源とする重力波の観測や，NICER による半径の観測を通して [150]，中性子星の内部構造，クォーク物質に至りうる超高密度物質の状態方程式，そして元素の起源の研究は今後ますます深化，発展していくであろう．

本書は入門書のため，QCD のカイラル対称性の自発的破れ・回復や NJL 模型を使った計算はかなり簡単なものに限った．これらの問題をさらに学びたい読者には，日本語の文献として [11] を挙げたい．本書の次に読む日本語文献として適当であろう．ただし，カラー超伝導は扱っていない．QCD，重イオン衝突実験，格子 QCD 数値計算，超新星爆発などに関しては，本物理学最前線シリーズの [2,3,7] が入門的教科書としておすすめできる．有限温度・密度 QCD の英語の文献としては，[28] が幅広い話題をカバーしている良書である．ただし，初学者には難解かもしれないので，その場合は分野の重要トピックスのガイドブックとして用いるのが適当かもしれない．

いずれにしても，QCD の高密度領域には興味深く多様な「素粒子の世界の相転移現象」が存在しており，そのベールをはぎ取るための研究が今まさに進められている．本書が，これらの物理の基本的課題と今後の発展可能性を読者に提示できたのであれば幸いである．本書をもとに，読者がこの分野の研究をさらに推し進めてくれることを期待して筆をおきたい．

参考文献

[1] M. E. Peskin and D. V. Schroeder: “An Introduction to quantum field theory”, Addison-Wesley, Reading, USA (1995)

[2] 秋葉康之：「クォーク・グルーオン・プラズマの物理（物理学最前線シリーズ 3）」，共立出版 (2014)

[3] 住吉光介：「原子核から読み解く超新星爆発の世界（物理学最前線シリーズ 21）」，共立出版 (2018)

[4] B. P. Abbott et al.: Phys. Rev. Lett., **119**, 161101 (2017)

[5] P. A. Zyla et al.: PTEP, **2020**(8), 083C01 (2020)

[6] 九後汰一郎：「ゲージ場の量子論 II（新物理学シリーズ 24）」培風館 (1989)

[7] 青木慎也：「格子 QCD によるハドロン物理（物理学最前線シリーズ 13）」，共立出版 (2017)

[8] 物理学辞典編集委員会：「物理学辞典三訂版」，培風館 (2005)

[9] 南部陽一郎：「クォーク第 2 版（ブルーバックス）」，講談社 (1998)

[10] B. ポッフ，K. リーツ，C. ショルツ，F. サッチャ（柴田利明訳）：「素粒子・原子核物理入門改訂新版」，丸善出版 (2012)

[11] 国広悌二：「クォーク・ハドロン物理学入門（SGC ライブラリ）」，サイエンス社 (2013)

[12] J. Bardeen, L. N. Cooper, and J. R. Schrieffer: Phys. Rev., **108**, 1175 (1957)

[13] Y. Nambu and G. Jona-Lasinio: Phys. Rev., **122**, 345 (1961)

[14] M. G. Alford, A. Schmitt, K. Rajagopal, and T. Schäfer: Rev. Mod. Phys., **80**, 1455 (2008)

[15] M. Kitazawa, T. Koide, T. Kunihiro, and Y. Nemoto: Prog. Theor. Phys., **108**(5), 929 (2002) Erratum: Prog. Theor. Phys., **110**(1), 185 (2003)

[16] T. Hatsuda, M. Tachibana, N. Yamamoto, and G. Baym: Phys. Rev.

Lett., **97**, 122001 (2006)

[17] Z. Zhang and T. Kunihiro: Phys. Rev. D, **83**, 114003 (2011)

[18] 原島鮮：「熱力学・統計力学 改定版」，培風館 (1978)

[19] エリ-ランダウ・イェ-リフシッツ（小林秋男訳）：「統計物理学 第3版 上・下」，岩波書店 (1980)

[20] 高橋和孝・西森秀稔：「相転移・臨界現象とくりこみ群」，丸善出版 (2017)

[21] N. Goldenfeld: "Lectures on Phase Transitions and the Renormalization Group", CRC Press (2019)

[22] J. Adams et al.: Nucl. Phys. A, **757**, 102 (2005)

[23] K. Adcox et al. Nucl. Phys. A, **757**, 184 (2005)

[24] L. E. Reichl: "A Modern Course in Statistical Physics", Wiley-VCH (2016)

[25] M. Gyulassy and L. McLerran: Nucl. Phys. A, **750**, 30 (2005)

[26] M. Asakawa, S. A. Bass, and B. Muller: Prog. Theor. Phys., **116**, 725 (2006)

[27] Y. Hidaka and R. D. Pisarski: Phys. Rev. D, **78**, 071501(R) (2008)

[28] K. Yagi, T. Hatsuda, and Y. Miake: "Quark-Gluon Plasma: From Big Bang to Little Bang", Series No. 23, Cambridge University Press (2005)

[29] T. Galatyuk: Nucl. Phys. A, **982**, 163 (2019)

[30] 久保亮五：「新装版 統計力学」，共立出版 (2003)

[31] 森口繁一・宇田川金圭久・一松　信：「岩波 数学公式 III 特殊関数」，岩波書店 (1987)

[32] D. Bollweg et al.: Phys. Rev. D, **104**(7), 074512 (2021)

[33] S. Borsanyi et al.: Phys. Lett. B, **730**, 99 (2014)

[34] A. Bazavov et al.: Phys. Rev. D, **90**, 094503 (2014)

[35] 朝永振一郎：「量子力学 I 第2版（物理学体系　基礎物理篇 8）」，みすず書房 (1969)

[36] 米谷民明：「量子論入門講義（現代物理学入門講義シリーズ [2]）」，培風館 (1998)

[37] 永田桂太郎：素粒子論研究・電子版，**31**(1) (2020)

[38] T. Kunihiro: Phys. Lett. B, **271**, 395 (1991)

[39] Y. Song, G. Baym, T. Hatsuda, and T. Kojo. Phys. Rev. D, **100**(3), 034018 (2019)

[40] M. Asakawa and M. Kitazawa: Prog. Part. Nucl. Phys., **90**, 299 (2016)
[41] 北沢正清，野中俊宏，江角晋一：日本物理学会誌, **76**(8), 507 (2021)
[42] 阿部龍蔵：「統計力学 第 2 班」，東京大学出版会 (1992)
[43] 宮下精二：「基幹講座 物理学 統計力学」東京図書 (2020)
[44] S. Ejiri, F. Karsch, and K. Redlich: Phys. Lett., B, **633**, 275 (2006)
[45] A. Bazavov et al.: Phys. Rev. D, **101**(7), 074502 (2020)
[46] M. A. Stephanov: Phys. Rev. Lett., **102**, 032301 (2009)
[47] M. Asakawa, S. Ejiri, and M. Kitazawa: Phys. Rev. Lett., **103**, 262301 (2009)
[48] M. Tinkham（青木亮三，門脇和男訳）：「超伝導入門 原書第 2 版（上）」，吉岡書店 (2004)
[49] J. R. シュリーファー（樺沢宇紀 訳）：「超伝導の理論」，丸善プラネット (2010)
[50] 浅野建一：「固体電子の量子論」，東京大学出版会 (2019)
[51] 高田康民：「超伝導（朝倉物理学大系 22）」，朝倉書店 (2019)
[52] A. L. Fetter and J. Walecka: "Quantum Theory of Many-Particle Systems", Dover Publications (2003)
[53] 玉垣良三：「高密度核物質（物理学最前線 15）」，共立出版 (1986)
[54] B. I. Halperin, T. C. Lubensky, and S.-k. Ma: Phys. Rev. Lett., **32**, 292 (1974)
[55] 国広悌二：「基幹講座 物理学 量子力学」，東京図書 (2018)
[56] 山本義隆，中村孔一：「解析力学 I, II（朝倉物理学大系 1・2）」，朝倉書店 (1998)
[57] 高田健次郎，池田清美：「原子核構造論（朝倉物理学大系 18）」，朝倉書店 (2002)
[58] J. J. サクライ（樺沢宇紀訳）：「上級量子力学 第 I 巻」，丸善プラネット (2010)
[59] T. Hatsuda and T. Kunihiro: Phys. Rept., **247**, 221 (1994)
[60] U. Vogl and W. Weise: Prog. Part. Nucl. Phys., **27**, 195 (1991)
[61] S. P. Klevansky: Rev. Mod. Phys., **64**, 649 (1992)
[62] 佐藤光：「群と物理」，丸善出版 (2016)
[63] S. Weinberg: "The Quantum Theory of Fields II", Cambridge University Press (1996)
[64] 藤川和男：「経路積分と対称性の量子的破れ（新物理学選書）」，岩波書店 (2001)
[65] Y. Nambu and G. Jona-Lasinio: Phys. Rev., **124**, 246 (1961)
[66] S. Aoki et al.: Phys. Rev. D, **103**(7), 074506 (2021)

[67] 山田耕作：「岩波講座 物理の世界 物質科学入門〈3〉凝縮系における場の理論—フェルミ液体から超伝導へ」，岩波書店 (2002)

[68] E. M. ピタエフスキー，E. M. リフシッツ（碓井恒丸訳）：「量子統計物理学」，岩波書店 (1982)

[69] 国広悌二：素粒子論研究, **77**(4), D16 (1988)

[70] S. Aoki, H. Fukaya, and Y. Taniguchi: Phys. Rev. D, **86**, 114512 (2012)

[71] R. D. Pisarski and F. Wilczek: Phys. Rev. D, **29**, 338(R) (1984)

[72] S. Borsanyi et al.: JHEP, **09**, 073 (2010)

[73] A. Bazavov et al.: Phys. Rev. D, **85**, 054503 (2012)

[74] M. Asakawa and K. Yazaki: Nucl. Phys. A, **504**, 668 (1989)

[75] M. Buballa: Phys. Rept., **407**, 205 (2005)

[76] M. A. Stephanov: PoS, LAT2006, 024 (2006)

[77] Z. Zhang, K. Fukushima, and T. Kunihiro: Phys. Rev. D, **79**, 014004 (2009)

[78] Z. Zhang and T. Kunihiro: Phys. Rev. D, **80**, 014015 (2009)

[79] T. Kojo, D. Hou, J. Okafor, and H. Togashi. Phys. Rev. D, **104**(6), 063036 (2021)

[80] T. Kojo, G. Baym, and T. Hatsuda: arXiv:2111.11919 (2021)

[81] P. Lakaschus, M. Buballa, and D. H. Rischke: Phys. Rev. D,**103**(3), 034030 (2021)

[82] K. Rajagopal and F. Wilczek: “The Condensed matter physics of QCD (At The Frontier of Particle Physics)”, World Scientific, pp. 2061–2151 (2000)

[83] M. G. Alford, K. Rajagopal, and F. Wilczek: Nucl. Phys. B, **537**, 443 (1999)

[84] K. Iida, T. Matsuura, M. Tachibana, and T. Hatsuda: Phys. Rev. Lett., **93**, 132001 (2004)

[85] H. Abuki, M. Kitazawa, and T. Kunihiro: Phys. Lett. B, **615**, 102 (2005)

[86] S. B. Ruster et al.: Phys. Rev. D, **72**, 034004 (2005)

[87] H. Abuki and T. Kunihiro: Nucl. Phys. A, **768**, 118 (2006)

[88] D. Bailin and A. Love: Phys. Rept., **107**, 325 (1984)

[89] T. Matsuura, K. Iida, T. Hatsuda, and G. Baym: Phys. Rev. D, **69**,

074012 (2004)
[90] I. Giannakis, D. Hou, H.-cang Ren, and D. H. Rischke: Phys. Rev. Lett., **93**, 232301 (2004)
[91] J. L. Noronha et al.: Phys. Rev. D, **73**, 094009 (2006)
[92] G. Fejős and N. Yamamoto: JHEP, **2019**(12), 69 (2019)
[93] M. Kitazawa, T. Koide, T. Kunihiro, and Y. Nemoto: Phys. Rev. D, **65**, 091504(R) (2002)
[94] M. Kitazawa, T. Koide, T. Kunihiro, and Y. Nemoto: Nucl. Phys. A, **721**, 289 (2003)
[95] P. Fulde and R. A. Ferrell: Phys. Rev., **135**, A550 (1964)
[96] A. I. Larkin and Y. N. Ovchinnikov: Zh. Eksp. Teor. Fiz., **47**, 1136 (1964)
[97] N. J. Evans, S. D.H. Hsu, and M. Schwetz: Nucl. Phys. B, **551**, 275 (1999)
[98] T. Schäfer and F. Wilczek: Phys. Rev. Lett., **82**, 3956 (1999)
[99] K. Fukushima: Phys. Rev. D, **78**, 114019 (2008)
[100] K. Fukushima and T. Hatsuda: Rept. Prog. Phys., **74**, 014001 (2011)
[101] 戸田盛和，斎藤信彦，久保亮五，橋爪夏樹：「現代物理学の基礎 5 統計物理学（岩波オンデマンドブックス）」，岩波書店 (2016)
[102] 早川尚男：「非平衡統計力学（臨時別冊数理科学 SGC ライブラリ 54）」，サイエンス社 (2007)
[103] T. C. ルベンスキー，P. M. チェイキン（松原武生ほか訳）：「チェイキン&ルベンスキー現代の凝縮系物理学（物理学叢書）」，第 7 章，吉岡書店 (2000)
[104] 有山正孝：「振動・波動（基礎物理学選書 (8)）」，裳華房 (1970)
[105] 一柳正和：「不可逆仮定の物理—日本統計物理学史から」，日本評論社 (1999)
[106] J. Goldstone: Nuovo Cim., **19**, 154 (1961)
[107] J. Goldstone, A. Salam, and S. Weinberg: Phys. Rev., **127**, 965 (1962)
[108] R. L. Jaffe: Phys. Rev. D, **15**, 267 (1977)
[109] T. Kunihiro et al.: Phys. Rev. D, **70**, 034504 (2004)
[110] D. J. Thouless: Annals of Physics, **10**(4), 553 (1960)
[111] M. Asakawa, T. Hatsuda, and Y. Nakahara: Prog. Part. Nucl. Phys., **46**, 459 (2001)
[112] R. Muto et al.: Phys. Rev. Lett., **98**, 042501 (2007)

[113] イェ・エム・リフシッツ，エリ・ペ・ピタエフスキー（井上健男訳）：「物理的運動学 1（ランダウ=リフシッツ理論物理学教程）」，東京図書 (1982)

[114] F. Karsch and M. Kitazawa: Phys. Rev. D, **80**, 056001 (2009)

[115] M. Le Bellac: "Thermal Field Theory (Cambridge Monographs on Mathematical Physics)", Cambridge University Press (2000)

[116] E. Braaten and R. D. Pisarski: Nucl. Phys. B, **337**, 569 (1990)

[117] Y. Hidaka, D. Satow, and T. Kunihiro: Nucl. Phys. A, **876**, 93 (2012)

[118] O. Kaczmarek, F. Karsch, M. Kitazawa, and W. Soldner: Phys. Rev. D, **86**, 036006 (2012)

[119] F. Karsch and M. Kitazawa: Phys. Lett. B, **658**, 45 (2007)

[120] J.-P. Blaizot and J.-Y. Ollitrault: Phys. Rev. D, **48**, 1390 (1993)

[121] M. Kitazawa, T. Kunihiro, and Y. Nemoto: Prog. Theor. Phys., **117**, 103 (2007)

[122] M. Kitazawa, T. Kunihiro, K. Mitsutani, and Y. Nemoto: Phys. Rev. D, **77**, 045034 (2008)

[123] D. Satow, Y. Hidaka, and T. Kunihiro: Phys. Rev. D, **83**, 045017 (2011)

[124] H. Nakkagawa, H. Yokota, and K. Yoshida: Phys. Rev. D, **86**, 096007 (2012)

[125] R.-A. Tripolt, D. H. Rischke, L. von Smekal, and J. Wambach: Phys. Rev. D, **101**(9), 094010 (2020)

[126] K. Miura, Y. Hidaka, D. Satow, and T. Kunihiro: Phys. Rev. D, **88**(6), 065024 (2013)

[127] M. Kitazawa, T. Kunihiro, and Y. Nemoto: Phys. Lett. B, **633**, 269 (2006)

[128] L. P. カダノフ，G. ベイム（樺沢宇紀訳）：「量子統計力学」，丸善プラネット (2011)

[129] M. Kitazawa, T. Koide, T. Kunihiro, and Y. Nemoto: Phys. Rev. D, **70**, 056003 (2004)

[130] 中嶋貞雄：「超伝導入門（新物理学シリーズ 9）」，培風館 (1971)

[131] M. ティンカム（青木亮三，門脇和男訳）：「超伝導入門 原書第 2 版（下）（物理学叢書）」，吉岡書店 (2006)

[132] T. Timusk and B. Statt: Rep. Prog. Phys., **62**(1), 61 (1999)

[133] V. M. Loktev, R. M. Quick, and S. G. Sharapov: Physics Reports, **349**(1), 1 (2001)

[134] Y. Yanase, T. Jujo, T. Nomura, H. Ikeda, T. Hotta, and K. Yamada: Physics Reports, **387**(1–4), 1 (2003)

[135] P. Nozieres and S. Schmitt-Rink: J. Low Temp. Phys., **59**, 195 (1985)

[136] S. Tsuchiya, R. Watanabe, and Y. Ohashi: Phys. Rev. A, **80**(3), 033613 (2009)

[137] R. Watanabe, S. Tsuchiya, and Y. Ohashi: Phys. Rev. A, **82**(4), 043630 (2010)

[138] H. Abuki, T. Hatsuda, and K. Itakura: Phys. Rev. D, **65**, 074014 (2002)

[139] M. Kitazawa, D. H. Rischke, and I. A. Shovkovy: Phys. Lett. B, **663**, 228 (2008)

[140] M. Yu. Barabanov et al.: Prog. Part. Nucl. Phys., **116**, 103835 (2021)

[141] M. Kitazawa, T. Koide, T. Kunihiro, and Y. Nemoto: Prog. Theor. Phys., **114**, 117 (2005)

[142] A. Ohnishi: J. Phys. Conf. Ser., **668**(1), 012004 (2016)

[143] L. G. Aslamazov and A. L. Larkin: Sov. Phys. -Solid State, **10**, 875 (1968)

[144] K. Maki: Prog. Theor. Phys., **40**, 193 (1968)

[145] R. S. Thompson: Phys. Rev. B, **1**, 327 (1970)

[146] T. Nishimura, M. Kitazawa, and T. Kunihiro, PTEP, **2022**, in press [arXiv:2201.01963 [hep-ph]].

[147] H. Fujii: Phys. Rev. D, **67**, 094018 (2003)

[148] D. T. Son and M. A. Stephanov: Phys. Rev. D, **70**, 056001 (2004)

[149] H. Fujii and M. Ohtani: Phys. Rev. D, **70**, 014016 (2004)

[150] 榎戸輝揚，安武伸俊：日本物理学会誌，**76**(10)，637 (2021)

索　引

英数字

あ

か

さ

た

な

は

ま

や

ら

著者紹介

北沢正清（きたざわ　まさきよ）

2005 年　京都大学理学研究科物理学宇宙物理学専攻修了（理学博士）
2006 年　ブルックヘブン国立研究所 理研基礎科学特別研究員
2007 年　大阪大学大学院理学研究科 助教
2022 年　京都大学基礎物理学研究所 講師
専　門　原子核理論（クォーク・ハドロン物理），格子 QCD
受賞歴　2008 年 日本物理学会若手奨励賞（核理論新人論文賞）
　　　　2009 年 日本物理学会第 14 回論文賞 (M. Kitazawa, T. Koide, T. Kunihiro and Y. Nemoto, Prog. Theor. Phys. 108 (2002))

国広悌二（くにひろ　ていじ）

1981 年　京都大学理学研究科物理学第二専攻修了（理学博士）
1982 年　龍谷大学 助教授
1995 年　龍谷大学理工学部 教授
2000 年　京都大学基礎物理学研究所 教授
2008 年　京都大学理学研究科物理学・宇宙物理学専攻 教授
現　在　京都大学名誉教授，湯川記念財団理事
専　門　原子核理論（クォーク・ハドロン物理），数理物理
主　著　“QCD phenomenology based on a chiral effective Lagrangian” Physics Reports 247 (1994)（T. Hatsuda と共著）
　　　　『クォーク・ハドロン物理学入門』（SGC ライブラリ 100，サイエンス社，2013）
　　　　『量子力学』（東京図書，2018）
受賞歴　2009 年 日本物理学会第 14 回論文賞（同上）

基本法則から読み解く 物理学最前線 29

超高温・高密度のクォーク物質
—素粒子の世界の相転移現象—

Quark Matter under Extreme Conditions
Phase Transitions in the World of Elementary Particles

2022 年 9 月 10 日　初版 1 刷発行

著　者　北沢正清・国広悌二　© 2022
監　修　須藤彰三
　　　　岡　真
発行者　南條光章
発行所　**共立出版株式会社**
東京都文京区小日向 4-6-19
電話　03-3947-2511（代表）
郵便番号　112-0006
振替口座　00110-2-57035
www.kyoritsu-pub.co.jp

印　刷
製　本　藤原印刷

検印廃止
NDC 429.6

ISBN 978-4-320-03549-2

一般社団法人
自然科学書協会
会員

Printed in Japan